JN303264

わかりやすい数学モデルによる
多変量解析入門 第2版
An Introduction to Multivariate Statistical Analysis 2nd Edition

木下栄蔵 著

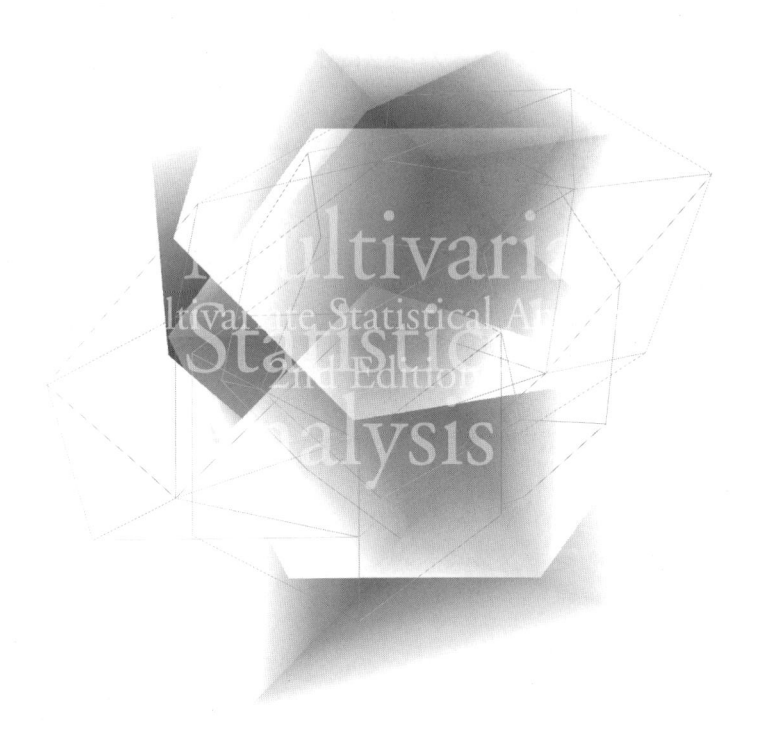

近代科学社

◆ 読者の皆さまへ ◆

　小社の出版物をご愛読くださいまして、まことに有り難うございます。
　おかげさまで、㈱近代科学社が1959年の創立以来、2009年をもって50周年を迎えることができました。これも、ひとえに皆さまの温かいご支援の賜物と存じ、衷心より御礼申し上げます。
　この機に小社では、全出版物に対してUD（ユニバーサル・デザイン）を基本コンセプトに掲げ、そのユーザビリティ性の追究を徹底してまいる所存でおります。
　本書を通じまして何かお気づきの事柄がございましたら、ぜひ以下の「お問合せ先」までご一報くださいますようお願いいたします。

　お問合せ先：reader@kindaikagaku.co.jp

　なお、本書の制作には、以下が各プロセスに関与いたしました：

・企画：小山 透
・編集：小山 透，高山哲司
・制作：大日本法令印刷
・組版：電算写植／大日本法令印刷
・印刷：大日本法令印刷
・製本：大日本法令印刷
・資材管理：田村洋紙店，三新，大日本法令印刷
・カバー・表紙デザイン：川崎デザインスタジオ
・広報宣伝・営業：森田 忠，山口幸治，冨髙琢磨

・本書の複製権・翻訳権・譲渡権は株式会社近代科学社が保有します。
・JCLS ＜（株）日本著作出版権管理システム委託出版物＞
　本書の無断複写は著作権法上での例外を除き禁じられています。
　複写される場合は、そのつど事前に（株）日本著作出版権管理システム
　（電話 03-3817-5670，FAX 03-3815-8199）の許諾を得てください。

まえがき

　21世紀に入りますます混迷を深める現代において，「意思決定」という言葉が非常に重要なキーワードとなっている．近未来の政治，経済，経営の問題，あるいは，個々人の進路選択などの問題に対して，さまざまな条件が錯綜するなか，最も重要な戦略的目標を達成するために最適な選択を効率よく行う必要が高まっているからである．

　このような意思決定問題のすべてにおいて，私たちは多くの代替案のなかから，いくつかの評価基準に基づいて，1つあるいは複数の代替案を選ぶという場合が多いのである．このように考えると，人間が生きるということは，選択行動の積み重ねであり，一種の意思決定の集合であるということができる．

　一方，混迷を深める現代社会においては，「情報社会」，「IT革命」などの要因により，ビジネス世界だけでなく，身の回りの生活まで，情報化の時代へ突き進もうとしている．そのため従来の考え方では時々刻々と変わりゆく時代の流れ（たとえばドッグイヤー）についていけず，国際化の波に乗り遅れることは必至である．いままさにパラダイム・シフトが必要になってきているのである．それは1990年からの「失われた15年」を総括し，それ以前のパラダイムから新しいパラダイムを創造することを意味している．すなわち，一言でいえば，オペレーション・マネジメント（選択された道を上手に走る戦略論）への変更である．1990年以前の日本は「あれもこれもの時代」だったが，これからの時代は，「これだけはの時代」になるからである．

　したがって，21世紀は，意思決定論が重要な課題を解くキーワードとなるであろう．このようときに用いる数学的な分析手法として「多変量解析」がある．

　本書は，多変量解析等の数学モデルを勉強している学生や，実際の業務で数理解析に従事している人たち，さらに直接仕事に関係なくても教養として数学

を身につけたいビジネスマンのために多変量解析等の数学モデルをわかりやすくまとめたものである．とりわけ本書では，著者がこれまで行ってきた研究や，数学モデルの実務ならびに教育の経験をもとにしているので，読者のみなさんにとって実用的で理解しやすい本になったものと信じている．また適用例は，日常的でわかりやすく楽しい話題を選んでいるので興味深く読んでいただけるはずである．

なお，本書を執筆するにあたり，先輩諸氏の著書を多数参考にさせていただいた．これらの諸氏に御礼申しあげる．

最後に，本書の企画から出版に関わる実務にいたるまでお世話になった㈱近代科学社の小山透氏と高山哲司氏に厚く感謝したい．

2009年1月

木下栄蔵

目　次

まえがき

第1章　はじめに ………………………………………………… 1

第2章　OERA モデルと DERA モデル
2.1　はじめに ……………………………………………………… 5
2.2　OERA モデル ………………………………………………… 6
2.3　DERA モデル ………………………………………………… 12
2.4　2008年度プロ野球での計算例 …………………………… 12
2.5　イチローの生涯打者成績 …………………………………… 15

第3章　回帰分析法
3.1　回帰分析法とは ……………………………………………… 17
3.2　直線回帰分析（単回帰分析）……………………………… 18
3.3　指数回帰分析 ………………………………………………… 23
3.4　重回帰分析 …………………………………………………… 24
3.5　重回帰分析の適用例（学校の成績，打者の評価）……… 29

第4章　数量化理論1類
4.1　数量化理論1類とは ………………………………………… 37
4.2　数量化理論1類の適用例：その1（学校の成績）………… 40
4.3　数量化理論1類の適用例：その2（打者の成績）………… 46

第5章　判別分析法

- 5.1　判別分析法とは　……………………………………　51
- 5.2　判別分析法の適用例：その1（学校の身体測定）　……………　55
- 5.3　判別分析法の適用例：その2（打者の成績）　………………　59

第6章　数量化理論2類

- 6.1　数量化理論2類とは　……………………………………　65
- 6.2　数量化理論2類の適用例：その1（学校の成績）　……………　68
- 6.3　数量化理論2類の適用例：その2（打者の成績）　……………　72

第7章　クラスター分析

- 7.1　クラスター分析の概要と計算手順　……………………　79
- 7.2　クラスター分析の方法　…………………………………　82
- 7.3　クラスター分析の適用例（打者の成績）　……………………　87

第8章　数量化理論3類

- 8.1　数量化理論3類とは　……………………………………　93
- 8.2　数量化理論3類の適用例：その1（レジャーの過ごし方）　……　95
- 8.3　数量化理論3類の適用例：その2（食事のメニューの選び方）　…　101

第9章　数量化理論4類

- 9.1　数量化理論4類とは　……………………………………　107
- 9.2　数量化理論4類の適用例：その1（アイドルタレントの分析）　…　110
- 9.3　数量化理論4類の適用例：その2（タレントの分析）　…………　112

第10章　主成分分析法

- 10.1　主成分分析法とは　……………………………………　115
- 10.2　主成分分析法の適用例：その1（学校の身体測定）　…………　118
- 10.3　主成分分析法の適用例：その2（投手の成績）　………………　123

第 11 章　因子分析法

11.1　因子分析法とは　………………………………　129
11.2　因子分析法の適用例：その 1（野球人の好み）　………………　132
11.3　因子分析法の適用例：その 2（タレントの好み）　………………　138
11.4　因子分析法の適用例：その 3（政治家の好み）　………………　142

第 12 章　AHP モデル

12.1　AHP モデルとは　………………………………　155
12.2　階層分析法 AHP の概要　………………………　156
12.3　AHP の数学的背景　……………………………　157
12.4　AHP モデルの適用例（企業選定，住宅の選定，番組の選定）　…　159

第 13 章　ISM モデル

13.1　システム分析（ISM モデル）　…………………　177
13.2　ISM モデルとは　………………………………　178
13.3　ISM モデルの適用例：その 1（住宅の選定）　………………　182
13.4　ISM モデルの適用例：その 2（交通経路選択）　………………　185

参考文献　………………………………………………　191
索引　……………………………………………………　193

第1章 はじめに

　2008年は激動の一年間であった．米国発サブプライムローン問題に端を発し，2008年9月15日の米国証券会社リーマンブラザースの破綻で一挙に世界同時株安へと突入した．1930年代の世界大恐慌の再来を思わせる経済状態である．そして，急激な円高が進み，日本の輸出産業は軒並み赤字決算に陥った．

　一方，スポーツ界に目を転ずれば，プロ野球において阪神タイガースが独走しており，誰もがセ・リーグの覇者になると信じて疑わなかった．しかし，結果は巨人の奇跡的逆転優勝でセ・リーグは幕を閉じた．そして，日本シリーズでは，パ・リーグの覇者西武が巨人を倒し，日本一に輝いたのであった．

　野球をはじめあらゆるスポーツにおいて，勝負の分かれ目は，一元的な指標では決まらない．その背後にある多元的な要因が複雑にからみあって決まるものである．またスポーツだけでなく，政治・経済の世界，芸能界，入学試験や入社試験における人物評価等々において，その内部状況を分析してみると複雑である場合が多い．このように社会現象は，複雑な要因の組み合わせで成り立っているが，これらを一元的にとらえるのではなく多元的にとらえることにより複雑な構造が単純化されてくることがある．このような複雑な構造を分析するときに用いる数学的手法が「**多変量解析**」と呼ばれるものである．したがって，多変量解析は，複雑な社会現象や人間関係の仕組みを把握するのに使える手法の集まりともいえる．その内容は，種々の現象がいくつかの変量によって決まるとき，その変量間の**相関関係**を解析し，これらの変量の総合化をいくつかの視点から行い，多元的に考察するものといえる．

　さて，本書では，この多変量解析を中心に説明していくのであるが，以下，本書の章構成と各章の内容について述べる．

　●**第2章　OERAモデルとDERAモデル**　OERAモデルはアメリカの

第1章　はじめに

コウバーとケイラーが提案した打者貢献度指数モデルである．すなわち，野球における打者の公平かつ正確な評価を行うためのモデルといえる．一方，DERAモデルは日本の木下（著者）が提案した投手貢献度指数モデルである．すなわち，野球における投手の公平かつ正確な評価を行うためのモデルである．

多変量解析の手法は第3章から第11章までに説明してある．その中で第3章から第6章までが**外的基準**がある場合の多変量解析の手法で，第7章から第11章までが外的基準がない場合の多変量解析の手法である．外的基準とは，予測あるいは，判別すべき測定対象のもつ性質のことである．たとえば入学試験における総合得点や合否と考えてもらえればよい．

さて，この外的基準とこれを説明する要因がどのようなデータであるか（量的であるか質的であるか）によって4つの手法に分かれる．ただし**量的データ**とは，たとえばテストの点が何点といったものであり，**質的データ**とは，成績が優とか良あるいは合格とか不合格といったものである．そこで，外的基準のある多変量解析の手法を章単位で説明する．

●第3章　回帰分析法　　量的な要因に基づいて量的に与えられた外的基準を説明するための手法である．

●第4章　数量化理論1類　　質的な要因に基づいて量的に与えられた外的基準を説明するための手法である．

●第5章　判別分析法　　量的な要因に基づいて質的に与えられた外的基準を説明するための手法である．すなわち，判別分析法は，回帰分析法において外的基準が質的データで与えられている場合に相当する．

●第6章　数量化理論2類　　質的な要因に基づいて，質的に与えられた外的基準を説明するための手法である．すなわち，数量化理論2類とは，判別分析法において各要因が質的データで与えられている場合に相当する．

一方，外的基準のない多変量解析のうち分類を目的としている手法は第7章から第9章までであり，以下それらを章単位で説明する．

●第7章　クラスター分析　　種々の異なった性質のものがまざり合っている対象の中で，互いに似たものどうしを集めてクラスターを作り，それらを直

接分類しようとする手法である．

●**第8章　数量化理論3類**　個体の様々なカテゴリーへの反応の型に基づいて，個体とカテゴリーの両方を数量化する．そして，この数量により各個体やカテゴリーを分類し，その分類をもたらした原因は何であるかを探りだす手法である．

●**第9章　数量化理論4類**　対象間の比較を手掛りにして数量化を行い，多くの対象を似たものどうしに分類する手法である．

さらに，外的基準のない多変量解析の手法は，第10章，第11章にもあり，以下それらを章単位で説明する．

●**第10章　主成分分析法**　多くの変数の値を1つまたは少数個の合成変量（主成分）で表す手法である．つまり，この手法は多くの変量をまとめ，現象を要約する1つの有効な方法といえる．

●**第11章　因子分析法**　多くの変数の値をいくつかの因子によって説明する手法である．つまり，この手法は現象の背後にある事実を明らかにするためのもので，その説明因子の解釈に重きをおく方法といえる．

最後に，ユニークなモデルを2つ紹介する．1つは，複雑なあるいはあいまいな状況の下での意思決定手法 AHP モデルであり，もう1つは問題をより客観的に明確にとらえるための階層構造化手法 ISM モデルである．これらの手法は，第12章，第13章にあり，以下それらを章単位で説明する．

●**第12章　AHP モデル**　Thomas. L. Saaty が提唱した不確定な状況や多様な評価基準における意思決定手法である．この手法は，問題の分析において主観的判断とシステムアプローチをうまくミックスした問題解決型意思決定手法の1つといえる．

●**第13章　ISM モデル**　J. N. Warfield が提唱した階層構造化手法の1つである．この手法は，問題をより客観的な方法で最適な階層構造に明示化する際の有効な方法といえる．

第2章 OERAモデルとDERAモデル

　OERAモデルは米国のコウバーとケイラーが提案した打者貢献度指数モデルである．すなわち，野球における打者の公平かつ正確な評価を行うためのモデルといえる．一方，DERAモデルは日本の木下（著者）が提案した投手貢献度指数モデルである．すなわち，野球における投手の公平かつ正確な評価を行うためのモデルといえる．

> **本章を学ぶ3つのポイント**
> ① 野球というポピュラーなゲームをテーマにして，人物評価を客観的定量的に行うには，どのようにするかを理解すること．
> ② 野球における打者の客観的評価は，OERAモデルにより行えることを理解すること．
> ③ 野球における投手の客観的評価は，DERAモデルにより行えることを理解すること．

2.1 はじめに

　野球における打者投手の評価はいろいろな方法が考えられる．たとえば，打者の場合，打率・本塁打数・打点数・出塁率といった毎年表彰される指標がある．ところが，このような評価は1つの尺度でしか貢献度が計れないという欠点がある．たとえば，これらの指標だけでは，本塁打数は多いが打率の低い打者と，本塁打数は少ないが打率の高い打者とでは，どちらの評価が高いかという疑問には答えようがない．あるいは，チャンスに強く打点数は多いが出塁数が少ない打者と，チャンスに弱く打点数が少ないが出塁数が多い打者との比較

などもこの例である．さらに，強いチームに在籍したおかげでチャンスに打席がよく回ってくる打者と，弱小球団に在籍したことによりいつも打席に立つとランナーがいない打者との比較なども困るのである．

そこで本章において，公平かつ正確に打者の評価を行うための **OERA**（Offensive Earned-Run Average）モデルを紹介する．これは，アメリカのコウバー（T. M. Covers）とケイラー（C. W. Keilers）が提案した**打者貢献度指数**である．詳しくは後で述べるが，一言でいえば，ある打者が1試合すべて打席に入り続けたとき，何点くらい得点することができるかを試算する方法である．この結果の得点で，打者を評価するのである．

一方，公平かつ正確に投手の評価を行うための **DERA**（Defensive Earned-Run Average）モデルについても紹介する．このモデルは，日本の木下（著者）が提案した**投手貢献度指数**である．詳しくは後で述べるが，一言でいえば，ある投手が1試合完投すれば，何点くらい失点するかを試算する方法である．この結果の失点で投手を評価するのである．すなわち，OERA モデルと DERA モデルは野球というゲームを忠実に反映しているといえる．

2.2 OERA モデル

このモデルは，コウバーとケイラーによる「野球のための OERA 計算法」という論文で紹介されたものである．OERA モデルの定義・慣例・状態・打撃は次に示すとおりである．

【定義】
　特定の打者が常に打席に立ち，9回まで攻撃したと想定すると何点得点するかを尺度とする．

【慣例】
(1)　犠打はすべて計算されない．
(2)　エラーはアウトとして計算される．
(3)　アウトによってランナーは進塁しない．
(4)　すべての単打と二塁打は長打であるとする．すなわち，単打はベースランナーを二塁進塁させる．そして二塁打は一塁からランナーを生還させる．

(5) ダブルプレーはないとする．

	1	2	3	4	5	6	7	8
ノーアウト	1	2	3	4	5	6	7	8
ワンアウト	9	10	11	12	13	14	15	16
ツーアウト	17	18	19	20	21	22	23	24
スリーアウト	=吸収状態：状態0とする							

図 2.1 状態番号図

【状態】

図 2.1 に示すように状態は，$0, 1, 2, \cdots, 24$ である．すなわち，スリーアウトを 0 とし，以下ノーアウトランナーなしを 1，ノーアウトランナー一塁を 2，$\cdots$ ツーアウトランナー満塁を 24 とする．

【打撃】

打撃は 0（凡打），B（四死球），1（単打），2（2塁打），3（3塁打），4（本塁打）で構成される．したがって，OERA 値は P_0（アウトの確率），P_B（四死球の確率），P_1（単打の確率）P_2（二塁打の確率），P_3（三塁打の確率），P_4（本塁打の確率）の値により計算される．

ただし，$P_0, P_B, P_1, P_2, P_3, P_4$ は次のように定める．

$$P_0(凡打になる確率) = \frac{(凡打数)}{(打数 + 四死球数)}$$

$$P_B(四死球になる確率) = \frac{(四死球数)}{(打数 + 四死球数)}$$

$$P_1(単打になる確率) = \frac{(単打数)}{(打数 + 四死球数)}$$

$$P_2(二塁打になる確率) = \frac{(二塁打数)}{(打数 + 四死球数)}$$

$$P_3(三塁打になる確率) = \frac{(三塁打数)}{(打数 + 四死球数)}$$

$$P_4(本塁打になる確率) = \frac{(本塁打数)}{(打数 + 四死球数)}$$

以上のように定めた規則により野球が定式化されるのである．すなわち，

第2章 OERA モデルと DERA モデル

状態 $S \in \{0, 1, \cdots, 24\}$

と

状態 $H \in \{0, B, 1, 2, 3, 4\}$

が与えられたとき，打撃の結果により新しい状態 S' は，次のように定められる．

$$S' = f(H, S)$$

例えば，$S = 11$（1アウトランナー2塁）で $H = 1$（単打）の場合，新しい状態 $S' = 10$（1アウトランナー1塁）となる．また，この打撃によって生じる得点値 $Y(H, S)$ も定められる．この場合，2塁ランナーがホームインするので得点値 $Y(1, 11) = 1$ となる．

このように考えると野球というゲームは，マルコフ連鎖となっていることがわかる．なぜなら，ある打者が打撃を完了した後の状態にのみ関係し，それ以前の状態には関係しないからである．しかも3アウトになるとその回はかならず終了するので吸収源（3アウト）を有する．

すなわち，野球とは起こり得る状態が $\{0, 1, 2, \cdots, 24\}$ あり，その中で吸収源が1つで，他の状態が24個ある吸収マルコフ連鎖である．その推移確率行列は次のように表される．

$$\boldsymbol{P} = \begin{array}{c} \\ r\text{個} \\ s\text{個} \end{array} \overset{\displaystyle r\text{個}\quad s\text{個}}{\begin{pmatrix} \boldsymbol{I} & \boldsymbol{0} \\ \boldsymbol{T} & \boldsymbol{Q} \end{pmatrix}}$$

さて，野球の場合，吸収状態は1つしかないから，$\boldsymbol{I}$ 行列は1である．また，非吸収状態 $s = 24$ 個だから $\boldsymbol{Q}$ は 24×24 の行列となる．したがって推移確率行列 $\boldsymbol{P}$ は次のようになる．

$$P = \begin{array}{c} r=1 \\ s=24 \end{array} \begin{pmatrix} \overset{r=1}{1} & \overset{s=24}{\mathbf{0}} \\ \mathbf{T} & \mathbf{Q} \end{pmatrix} \tag{2-1}$$

さらに，本モデルの慣例にしたがえば，$\mathbf{T}$ と $\mathbf{Q}$ は以下のようになる．

$$\mathbf{T} = \begin{array}{c} 1 \\ \vdots \\ \frac{8}{9} \\ \vdots \\ \frac{16}{17} \\ \vdots \\ 24 \end{array} \begin{bmatrix} \mathbf{T}_1 \\ -- \\ \mathbf{T}_2 \\ -- \\ \mathbf{T}_3 \end{bmatrix} \quad \mathbf{Q} = \begin{array}{c} 1 \\ \vdots \\ \frac{8}{9} \\ \vdots \\ \frac{16}{17} \\ \vdots \\ 24 \end{array} \begin{bmatrix} \overset{1\cdots8}{\mathbf{Q}_{11}} & \overset{9\cdots16}{\mathbf{Q}_{12}} & \overset{17\cdots24}{\mathbf{Q}_{13}} \\ -- & -- & -- \\ \mathbf{Q}_{21} & \mathbf{Q}_{22} & \mathbf{Q}_{23} \\ -- & -- & -- \\ \mathbf{Q}_{31} & \mathbf{Q}_{32} & \mathbf{Q}_{33} \end{bmatrix} \tag{2-2}$$

ただし，

$$\mathbf{T}_1 = \begin{bmatrix} 0 \\ 0 \\ \vdots \\ 0 \end{bmatrix}, \quad \mathbf{T}_2 = \begin{bmatrix} 0 \\ 0 \\ \vdots \\ 0 \end{bmatrix}, \quad \mathbf{T}_3 = \begin{bmatrix} P_0 \\ P_0 \\ \vdots \\ P_0 \end{bmatrix},$$

$$\mathbf{Q}_{11} = \begin{bmatrix} P_4 & P_1+P_B & P_2 & P_3 & 0 & 0 & 0 & 0 \\ P_4 & 0 & P_2 & P_3 & P_B & P_1 & 0 & 0 \\ P_4 & P_1 & P_2 & P_3 & P_B & 0 & 0 & 0 \\ P_4 & P_1 & P_2 & P_3 & 0 & P_B & 0 & 0 \\ P_4 & 0 & P_2 & P_3 & 0 & P_1 & 0 & P_B \\ P_4 & 0 & P_2 & P_3 & 0 & P_1 & 0 & P_B \\ P_4 & P_1 & P_2 & P_3 & 0 & 0 & 0 & P_B \\ P_4 & 0 & P_2 & P_3 & 0 & P_1 & 0 & P_B \end{bmatrix}$$

第 2 章　OERA モデルと DERA モデル

$$Q_{12} = \begin{bmatrix} P_0 & 0 & \cdots & & \cdots & & \cdots & 0 \\ 0 & P_0 & 0 & \cdots & & \cdots & & 0 \\ \vdots & 0 & P_0 & 0 & \cdots & & \cdots & 0 \\ \vdots & \vdots & 0 & P_0 & 0 & \cdots & & 0 \\ \vdots & \vdots & \vdots & 0 & P_0 & 0 & \cdots & 0 \\ \vdots & \vdots & \vdots & \vdots & 0 & P_0 & 0 & 0 \\ \vdots & \vdots & \vdots & \vdots & \vdots & 0 & P_0 & 0 \\ 0 & 0 & 0 & 0 & 0 & 0 & 0 & P_0 \end{bmatrix}$$

$Q_{13} = \mathbf{0}$ (8×8 の零行列)

$Q_{11} = Q_{22} = Q_{33}$

$Q_{12} = Q_{23}$

$Q_{13} = Q_{21} = Q_{31} = Q_{32}$

となる．このような推移確率行列 P のなかで，特に非吸収状態間の推移確率行列 Q（24×24 の行列）に注目する．この Q に対して，

$$I + Q + Q^2 + \cdots = (I - Q)^{-1} \tag{2-3}$$

になる関係が成り立つ．この式の右辺 $(I-Q)^{-1}$ は，吸収マルコフ連鎖の基本行列と呼ばれる．この基本行列の i, j 要素は，i 状態を出発し，まわりまわって j 状態を通過する回数の期待値を表しているというものである．

ところで，この性質を野球に適用すると次のようになる．そもそも，野球はノーアウトランナーなし（状態 1）から始まる．したがって，状態 1 から始まり，各状態を通過する回数の期待値がわかれば，1 イニングの期待得点値がわかる．そこでさきほどの Q から $(I-Q)^{-1}$ を計算し（結果も 24×24 の行列）その第 1 行に注目する．すなわち，この基本行列の要素は，状態 1 から始まったこのイニングにおいて状態 j を通過する回数の期待値を表している．この値から状態 j における期待得点値がわかる．ところで，状態 j（各状態）における期待得点値 R は，本モデルの慣例に従えば次のようになる．

$$R = \begin{array}{c} 1 \\ \vdots \\ \frac{8}{9} \\ \vdots \\ \frac{16}{17} \\ \vdots \\ 24 \end{array} \left[\begin{array}{c} R_1 \\ -- \\ R_2 \\ -- \\ R_3 \end{array} \right] \tag{2-4}$$

ただし,

$$R_1 = \begin{bmatrix} P_4 \\ 2P_4 + P_3 + P_2 \\ 2P_4 + P_3 + P_2 + P_1 \\ 2P_4 + P_3 + P_2 + P_1 \\ 3P_4 + 2P_3 + 2P_2 + P_1 \\ 3P_4 + 2P_3 + 2P_2 + P_1 \\ 3P_4 + 2P_3 + 2P_2 + 2P_1 \\ 4P_4 + 3P_3 + 3P_2 + 2P_1 + P_B \end{bmatrix}$$

$R_1 = R_2 = R_3$ となる.

あるイニングにおける状態 S からの期待得点値 E は,

$$E = (I - Q)^{-1} R \tag{2-5}$$

であるから,状態1 (ノーアウトランナーなし) から始まる1イニングの期待得点値は E ベクトルの最初の要素 $E(1)$ となる.したがって,ある打者の1試合当りの期待得点値である OERA 値は,

$$\text{OERA} = 9E(1) \tag{2-6}$$

となる.

2.3 DERA モデル

OERA モデルは，打者評価システムである．これを投手評価システムに適用させることにする．そこで木下は，このモデルを **DERA**（Defensive Earned-Run Average）と名づけることにした．すなわち，特定の投手が常にマウンドに立ち，9回まで投げ続けたと仮定すると何点得点されるかが評価基準となる．これは，防御率の考え方とよく似ている．つまり，DERA 値が理論値で防御率が実績値といえる．この2つの値の比較検討は興味あるところである．

さて，このような DERA モデルの定義と被打撃を次のように定める．ただし，慣例と状態は OERA モデルと同じである．

【定義】
特定の投手が常にマウンドに立ち，9回まで投げ続けたと想定すると何点得点されるかを尺度とする．

【被打撃】
投手は，P_0（凡打に対する確率），P_B（与四球），P_1（被単打の確率），P_2（被2塁打の確率），P_3（被3塁打の確率），P_4（被本塁打の確率）の値によって計算される．

以下，打者評価システムで説明した OERA モデルと同様に計算できるのである．

2.4 2008 年度プロ野球での計算例

本節では，2008 年度プロ野球における打者の評価（OERA）と投手の評価（DERA）の結果を紹介する．

ただし，**表 2.1** が 2008 年度のセ・リーグ打者成績，**表 2.2** が 2008 年度のセ・リーグ投手成績，**表 2.3** が 2008 年度のパ・リーグ打者成績，**表 2.4** が 2008 年度のパ・リーグ投手成績である．

2.4 2008年度プロ野球での計算例

表 2.1　2008年度のセ・リーグ打者成績

打率　上位5人			本塁打　上位5人			OERA　上位5人	
① 内川聖一	0.378		① 村田修一	46		① 村田修一	9.718
② 青木宣親	0.347		② ラミレス	45		② 内川聖一	9.276
③ 栗原健太	0.332		③ 小笠原道大	36		③ 青木宣親	8.85
④ 村田修一	0.323		④ ウッズ	35		④ 森野将彦	8.564
⑤ 森野将彦	0.321		⑤ 吉村裕基	34		⑤ ラミレス	8.427

打点　上位5人		盗塁　上位5人	
① ラミレス	125	① 福地寿樹	42
② 村田修一	114	② 赤星憲広	41
③ 金本知憲	108	③ 荒木雅博	32
④ 栗原健太	103	④ 青木宣親	31
⑤ 小笠原道大	96	⑤ 鈴木尚広	30

表 2.2　2008年度のセ・リーグ投手成績

防御率　上位5人			勝数　上位5人			DERA　上位5人	
① 石川雅規	2.68		① グライシンガー	17		① 内海哲也	6.143
② ルイス	2.68		② ルイス	15		② ウッド	4.390
③ 内海哲也	2.73		③ 安藤優也	13		③ 小笠原孝	4.348
④ 館山昌平	2.99		④ 石川雅規 / 内海哲也 / 館山昌平	12		④ 中田賢一	4.286
⑤ 下柳 剛	2.99					⑤ 小林太志	4.279

セーブ　上位5人		HP　上位5人	
① クルーン	41	① 久保田智之	37
② 藤川球児	38	② 松岡健一	34
③ 永川勝浩	38	③ 山口鉄也	34
④ 岩瀬仁紀	36	④ 押本健彦	32
⑤ 林 昌勇	33	⑤ ウィリアムス	30

第2章　OERAモデルとDERAモデル

表2.3　2008年度のパ・リーグ打者成績

打率　上位5人		本塁打　上位5人		OERA　上位5人	
① リック	0.332	① 中村剛也	46	① カブレラ	8.861
② 中島裕之	0.331	② ローズ	40	② 中島裕之	8.767
③ 川﨑宗則	0.321	③ カブレラ	36	③ ローズ	8.698
④ 栗山 巧	0.317	④ ブラゼル	27	④ G・G・佐藤	7.523
⑤ カブレラ	0.315	⑤ 山﨑武司	26	⑤ 稲葉篤紀	7.468

打点　上位5人		盗塁　上位5人	
① ローズ	118	① 片岡易之	50
② カブレラ	104	② 渡辺直人	34
③ 中村剛也	101	③ 本多雄一	29
④ フェルナンデス	99	④ 中島裕之	25
⑤ 松中信彦	92	⑤ 田中賢介	21

表2.4　2008年度のパ・リーグ投手成績

防御率　上位5人		勝数　上位5人		DERA　上位5人	
① 岩隈久志	1.87	① 岩隈久志	21	① 小松 聖	4.395
② ダルビッシュ有	1.88	② ダルビッシュ有	16	② 金子千尋	3.713
③ 小松 聖	2.51	③ 小松 聖	15	③ 渡辺俊介	3.555
④ 帆足和幸	2.63	④ 清水直行	13	④ グリン	3.510
⑤ 杉内俊哉	2.66	⑤ 渡辺俊介	13	⑤ スウィーニー	3.450

セーブ　上位5人		HP　上位5人	
① 加藤大輔	33	① 川崎雄介	31
② グラマン	31	② 星野智樹	29
③ 荻野忠寛	30	③ 武田 久	25
④ マイケル中村	28	④ 建山義紀	23
⑤ 馬原孝浩	11	⑤ 有銘兼久 菊地原毅 久米勇紀	19

2.5 イチローの生涯打者成績

本節では，2008年度までのイチローの生涯打者成績を紹介する．ただし，**表2.5**がイチローの生涯打者成績表であり，**図2.2**がイチローのOERA推移グラフである．

表2.5 イチローの生涯打者成績表

年度	球団	打率	試合	打数	安打	二塁打	三塁打	本塁打	打点	盗塁	盗塁死	犠打	敬遠	四死球	出塁率	OERA
1992	オリックス	0.253	40	95	24	5	0	0	5	3	2	1	0	3	0.284	2.718
1993		0.188	43	64	12	2	0	1	3	0	2	1	0	2	0.212	1.798
1994		0.385	130	546	210	41	5	13	54	29	7	9	8	61	0.445	10.605
1995		0.342	130	524	179	23	4	25	80	49	9	3	17	86	0.432	9.747
1996		0.356	130	542	193	24	4	16	84	35	3	4	13	65	0.422	8.882
1997		0.345	135	536	185	31	4	17	91	39	4	5	14	66	0.414	8.718
1998		0.358	135	506	181	36	3	13	71	11	4	2	15	50	0.414	8.805
1999		0.343	103	411	141	27	2	21	68	12	1	5	15	52	0.412	9.437
2000		0.387	105	395	153	22	1	12	73	21	1	6	16	58	0.46	11.420
2001	マリナーズ	0.35	157	692	242	34	8	8	69	56	14	8	10	38	0.381	6.755
2002		0.321	157	647	208	27	8	8	51	31	15	8	27	73	0.388	6.566
2003		0.312	159	679	212	29	8	13	62	34	8	4	7	42	0.352	5.572
2004		0.372	161	704	262	24	5	8	60	36	11	5	19	53	0.414	7.851
2005		0.303	162	679	206	21	12	15	68	33	8	8	23	52	0.35	5.508
2006		0.322	161	695	224	20	9	9	49	45	2	3	16	54	0.37	5.764
2007		0.351	161	678	238	22	7	6	68	37	8	6	13	52	0.396	6.810
2008		0.31	162	686	213	20	7	6	42	43	4	7	12	56	0.361	5.190
オリックス:9年		0.353	951	3619	1278	211	23	118	529	199	33	36	98	443	0.421	9.118
マリナーズ:8年		0.331	1280	5460	1805	197	64	73	469	315	70	49	127	420	0.377	6.203
通算:17年		0.34	2231	9079	3083	408	87	191	998	514	103	85	225	863	0.395	**7.328**

15

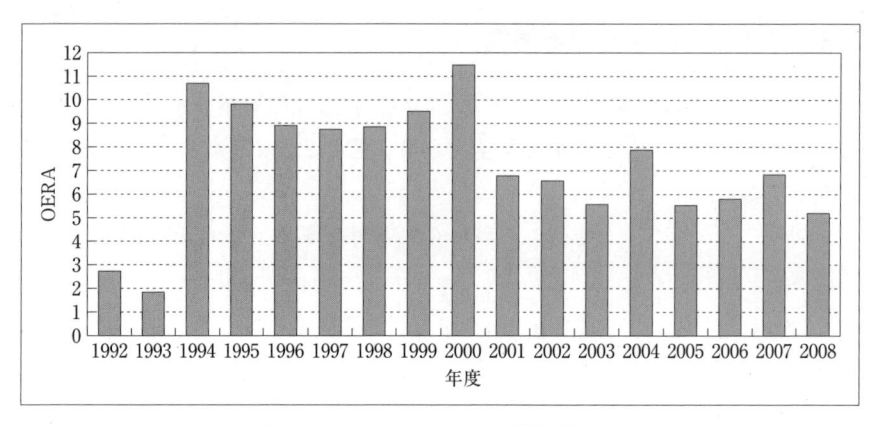

第2章 OERA モデルと DERA モデル

図 2.2 イチローの OERA 推移グラフ

第3章 回帰分析法

　回帰分析法とは，量的な要因に基づいて量的に与えられた外的基準を説明するための手法である．

> **本章を学ぶ3つのポイント**
> ① 予測を行うという視点から回帰分析法の概念を理解すること．
> ② 回帰分析法においてパラメータ（説明変数）が1つの場合におけるモデルである直線回帰分析（単回帰分析）を理解すること．
> ③ 回帰分析法においてパラメータ（説明変数）が2つ以上の場合におけるモデルである重回帰分析を理解すること．

3.1 回帰分析法とは

　最近，種々のニューメディア等の発達にともない，情報の量が急速に増加し，その質も多極化の傾向を示している．また一方，情報公害なる言葉も生まれ，マスコミの功罪が問われだした．正しい情報を的確に早く入手し，様々な意思決定に有効に利用することは現代人の必須条件である．
　さて，今の日本は平和で繁栄し，多くの国民が豊かな生活を享受しているが，その一方で円高問題や貿易摩擦，さらには多極化する国際情勢等，多くの難題をかかえている．たとえば円高問題に関して，何が原因なのか，その本質はわからない．貿易黒字だけの要因なのだろうか？　また最近，陰湿な犯罪が増えているが，犯罪の増加の原因は何なのかつきとめる必要がある．
　このように，ある現象の因果関係をつきとめることは，問題の解析に有効な手段と考えられる．ただし，Aという現象とBという要因の相関が高いから，

Aという現象の原因がBであると断定はできない．たとえば，ある学校で成績と異性交遊の関係を調べたところ，成績の悪い学生ほど異性交遊の頻度が高いことがわかった．このことから，異性とつきあうと成績が悪くなる，さらには，異性とつきあうと頭が悪くなる，という結論が導かれたとする．しかし，この解釈には疑問をはさむ余地がある．異性とつきあったために成績が悪くなったというのではなく，むしろその逆に成績が悪くなったために，その気晴らしとして異性とつきあうようになった場合も考えられるからである．

一般にA，B2つの現象の間の相関が高い場合，AがBの原因であるとき，反対にBがAの原因であるとき，さらにまったく偶然に相関が高くなるとき，最後に，A，B以外の第3の現象が仲介して間接的に相関を高めるとき，が考えられる．したがって相関関係は因果関係よりも広い解析であり，因果関係は相関関係の極限の場合と考えられる．

一般にある変数yとそれに影響をおよぼすと考えられる他の変数（$x_1, x_2, \cdots, x_q$）に関するデータにより，それらの変数間の相関関係を十分に考慮したうえで，yを予測する1つの方法が**回帰分析**である．

$$a_0 + a_1 x_1 + \cdots + a_n x_q \xrightarrow{予測} y$$

さらにどの変数が予測に寄与しているかという視点から，要因分析にも有効である．

3.2 直線回帰分析（単回帰分析）

ある学校で，外国語の講義は，英語とドイツ語の2科目である．このとき，もし英語とドイツ語の関連性がある程度強ければ，英語の成績からドイツ語の成績を予測することができる．ドイツ語は上級生になって初めて講義科目の中に入ってくるので，下級生から始まる英語の成績を参考にしながら，ドイツ語を教えることができる．このとき英語の成績を**説明変数**（x），ドイツ語の成績を**目的変数**（y）と呼ぶ．説明変数が2個以上の場合は3.4節の重回帰分析で説明する．

そこで，説明変数 x から目的変数 y を予測するときの基本式を設定しなければならない．その式が（3-1）である．

$$y = A_0 + A_1 x \tag{3-1}$$

理想的にいえば，n 個あるすべてのデータの組 (x, y) が（3-1）式の直線上に乗らなくてはならない．たとえば，(x_1, y_1) の点は，

$$y_1 = A_0 + A_1 x_1$$

を満足しなければならない．しかし実際には少しずれることが多い．この場合 δ_1 だけずれると，

$$y_1 = A_0 + A_1 x_1 + \delta_1$$

となる．一般的には，

$$y_i = A_0 + A_1 x_i + \delta_i \quad (i = 1, 2, \cdots, n) \tag{3-2}$$

となる．

この式を**線形回帰モデル**，δ_i を**予測誤差**と呼ぶ．そして，未知の定数 A_0，A_1 は予測誤差 δ_i が全体にわたってできるだけ小さくなるように決められる．ところで δ_i は正もあれば負もあるので予測誤差の平方和

$$\sum_{i=1}^{n} \delta_i^2 = \sum_{i=1}^{n} \{y_i - (A_0 + A_1 x_i)\}^2 \tag{3-3}$$

を最小にするような A_0，A_1 を求めることになる．このような方法を**最小2乗法**という．この方法では，

$$\left. \begin{array}{l} \dfrac{\partial}{\partial A_0} \sum_{i=1}^{n} \delta_i^2 = 0 \\[2mm] \dfrac{\partial}{\partial A_1} \sum_{i=1}^{n} \delta_i^2 = 0 \end{array} \right\} \tag{3-4}$$

を解けばよい．すなわち，

$$\begin{aligned}
\sum_{i=1}^{n} y_i - A_1 \sum_{i=1}^{n} x_i - \sum_{i=1}^{n} A_0 = 0 \\
\sum_{i=1}^{n} x_i y_i - A_1 \sum_{i=1}^{n} x_i^2 - A_0 \sum_{i=1}^{n} x_i = 0
\end{aligned} \right\} \quad (3\text{-}5)$$

となる．

y_i の平均値を $\bar{y}$，x_i の平均値を $\bar{x}$ とすれば，

$$\sum_{i=1}^{n} y_i = n\bar{y}, \quad \sum_{i=1}^{n} x_i = n\bar{x}, \quad \sum_{i=1}^{n} A_0 = nA_0 \quad (3\text{-}6)$$

なので，これを (3-5) に代入すれば，

$$\left. \begin{aligned}
n\bar{y} - nA_1\bar{x} - nA_0 = 0 \\
\sum_{i=1}^{n} x_i y_i - A_1 \sum_{i=1}^{n} x_i^2 - nA_0 \bar{x} = 0
\end{aligned} \right\} \quad (3\text{-}7)$$

となる．この連立方程式を解くと，

$$\left. \begin{aligned}
A_1 &= \frac{\sum_{i=1}^{n} x_i y_i - n\bar{x}\bar{y}}{\sum_{i=1}^{n} x_1^2 - n\bar{x}^2} \\
A_0 &= \bar{y} - A_1 \bar{x}
\end{aligned} \right\} \quad (3\text{-}8)$$

となる．

ただし，x，y の**分散**，**共分散**を計算すると次のようになる．

分散： $\displaystyle S_{xx} = \frac{1}{n}\sum_{i=1}^{n}(x_i - \bar{x})^2 = \frac{1}{n}\sum_{i=1}^{n}x_i^2 - \bar{x}^2$

$\displaystyle S_{yy} = \frac{1}{n}\sum_{i=1}^{n}(y_i - \bar{y})^2 = \frac{1}{n}\sum_{i=1}^{n}y_i^2 - \bar{y}^2$

共分散： $\displaystyle S_{xy} = \frac{1}{n}\sum_{i=1}^{n}(x_i - \bar{x})(y_i - \bar{y}) = \frac{1}{n}\sum_{i=1}^{n}x_i y_i - \bar{x}\bar{y}$

これらを (3-8) 式に代入すると，

$$\left.\begin{array}{l} A_1 = \dfrac{S_{xy}}{S_{xx}} \\[6pt] A_0 = \bar{y} - \dfrac{S_{xy}}{S_{xx}}\bar{x} \end{array}\right\} \tag{3-9}$$

となる．ゆえに (3-1) 式の予測式は，

$$y = \frac{S_{xy}}{S_{xx}}(x - \bar{x}) + \bar{y} \tag{3-10}$$

となる．この式を y の x への**回帰直線**と呼ぶ．さらに，A_1 を**回帰係数**と呼ぶ．一方，y から x を予測する場合，同様にして，x の y への回帰直線，

$$x = \frac{S_{xy}}{S_{yy}}(y - \bar{y}) + \bar{x} \tag{3-11}$$

が求められる．

また，変量 x と y の関連性が強いかどうかは，データの点が回帰直線のまわりに集まっているかどうかで表される．この度合を示したものが，**相関係数**（r_{xy}）と呼ばれるものである．

$$r_{xy} = \frac{S_{xy}}{\sqrt{S_{xx}S_{yy}}} \tag{3-12}$$

つまり，x と y の共分散を x の分散と y の分散の積の平方根で割ったもので

ある．ただし，r_{xy} は，

$$-1 \leqq r_{xy} \leqq 1 \tag{3-13}$$

を満足する．

　$r_{xy} = -1$ のときは，データが負の傾きをもつ直線上にある．$-1 < r_{xy} < 0$ のときは -1 に近づくにつれて負の相関が強くなる．r_{xy} が 0 に近づくにつれて，x と y の線形関係はくずれてくる．$0 < r_{xy} < 1$ のときは，1 に近づくにつれて正の相関が強くなる．$r_{xy} = 1$ のとき，データが正の傾きをもつ直線上にある．

　さて，実際の例としてある学校の英語とドイツ語の成績を分析して，英語の成績からドイツ語の成績を予測する式をたててみよう．データは次の10人の成績である（**表 3.1**）．

表 3.1　直線回帰分析のデータ

データ番号	1	2	3	4	5	6	7	8	9	10
目的変数 y（独語）	68	85	48	68	39	78	81	87	86	67
説明変数 x（英語）	88	95	60	89	57	90	93	94	96	84

前述の方法で定数 A_0, A_1 を求めると次のようになる．

$$A_0 = -22.822$$
$$A_1 = 1.105$$

ゆえに，y の x への回帰直線は，

$$y = -22.822 + 1.105x$$

となる．

　なお相関係数 r_{xy} は 0.961 となり，英語とドイツ語の相関は，きわめて高いことがわかる．ラテン語から分かれた同種の言語であり，学習のステップならびにコツも似ているように思われる．この予測式から英語の成績がそれぞれ 60 点，70 点，80 点の学生は，ドイツ語の成績が，それぞれ 44 点，55 点，66 点になると予想される．

3.3 指数回帰分析

変数 x と y の関係が直線ではなく曲線であるとき，x と y どちらか一方または両方を，適当な関数で変数交換することによって，3.2 節のように線形関係にすることができる場合がある．ここでは，説明変数 x の変化により目的変数 y が指数的に変化する場合を取り扱う．すなわち，(3-1) 式の代わりに，

$$y = ae^{bx} \tag{3-14}$$

を使う．このような分析を**指数回帰分析**と呼ぶ．(3-14) 式の両辺の対数を取ると，

$$\log_e y = \log_e a + bx$$

となり，$\log_e y = Y$, $\log_e a = A$ とおくと，結局 (3-14) 式は，

$$Y = A + bx \tag{3-15}$$

となる．(3-15) 式は，(3-1) 式と同じ形となり，未知の係数 A, b も 3.2 節と同様の計算で求められる．

$$\left. \begin{aligned} a &= e^{\left(\overline{Y} - \frac{S_{xY}}{S_{xx}}\overline{x}\right)} \\ b &= \frac{S_{xY}}{S_{xx}} \end{aligned} \right\} \tag{3-16}$$

よって，**指数回帰式**は，次式となる．

$$\begin{aligned} y &= e^{\left(\overline{Y} - \frac{S_{xY}}{S_{xx}}\overline{x}\right)} \cdot e^{\frac{S_{xY}}{S_{xx}}x} \\ &= e^{\left(\frac{S_{xY}}{S_{xx}}(x - \overline{x}) + \overline{Y}\right)} \\ &= e^{\left(\frac{S_x \log x}{S_{xx}}(x - \overline{x}) + \overline{\log y}\right)} \end{aligned} \tag{3-17}$$

次に，実際の例として，あるスターの宣伝回数とファン獲得数の関係を分析してみよう．結果は**表 3.2** に示すようになった．

表3.2 指数回帰分析のデータ

データ番号	1	2	3	4	5	6	7	8	9	10
目的変数 y（ファン獲得数）	2	4	8	16	32	64	128	256	512	1024
説明変数 x（宣伝回数）	1	2	4	7	11	16	22	29	37	46

　宣伝回数を説明変数 x とし，ファン獲得数を目的変数 y とすると，x の変化によって y は指数的に変化すると思われる．ゆえに指数回帰分析により，指数回帰式を求め，宣伝回数により，ファン獲得数を求める予測式をたててみる．データは10あり，前述の方法より，

$$a = 4.628$$
$$b = 0.130$$

となる．ゆえに，指数回帰式は，

$$y = 4.628 e^{0.13x}$$

となる．

　なお，相関係数 r_{xy} は 0.969 となり，ファン獲得数と宣伝回数はきわめて相関が高いと考えられる．

　たとえば，宣伝回数をそれぞれ，10，20，30，40，50回とすれば，ファン獲得数はそれぞれ 17，63，231，849，3123 人と予想される．

3.4　重回帰分析

　3.2節，3.3節においては，目的変数 y に対して，説明変数が1つの場合について述べてきたが，一般の現象を論じるときは，説明変数が2つ以上考えられる場合が多い．たとえば，学校の成績を分析するとき，1つの科目の成績を予測するには，複数の関連科目を説明変数にする必要がある．野球の打者の評価などは，さらに多くの説明変数を要することは明白である．そこで，このような問題を解決するための数学的準備を整えることにする．

　今，1つの目的変数 y と q 個の説明変数 $x_1, x_2, \cdots, x_q$ に関して n 個のデータ

が与えられているとしよう．そこで，$x_1, x_2, \cdots, x_q$ から y を予測するときの基本式を設定しなければならない．その式が（3-18）式である．

$$y = A_0 + A_1 x_1 + \cdots + A_q x_q \tag{3-18}$$

これを**線形重回帰式**と呼ぶ．

理想的にいえば，n 個あるすべてのデータの組が（3-18）式に示される空間に乗らなくてはならない．たとえば，$(x_{11}, x_{21}, \cdots, x_{q1}, y_1)$ の組は，

$$y_1 = A_0 + A_1 x_{11} + \cdots + A_q x_{q1} + \delta_1$$

となる．一般的には，

$$y_i = A_0 + A_1 x_{1i} + \cdots + A_q x_{qi} + \delta_i \tag{3-19}$$

となる．この式を**線形重回帰モデル**，δ_i を予測誤差と呼ぶ．そして，未知の定数 $A_0, A_1, \cdots, A_q$ は予測誤差 δ_i が全体にわたって，できるだけ小さくなるように決められる．そこで線形回帰モデルと同様にして，予測誤差の平方和，

$$\sum_{i=1}^{n} \delta_i^2 = \sum_{i=1}^{n} \{y_i - (A_0 + A_1 x_{1i} + \cdots + A_q x_{qi})\}^2 \tag{3-20}$$

を最小にするような $A_0, A_1, \cdots, A_q$ を求めることになる．このためには，

$$\left. \begin{array}{l} \dfrac{\partial}{\partial A_0} \sum_{i=1}^{n} \delta_i^2 = 0 \\[4pt] \dfrac{\partial}{\partial A_1} \sum_{i=1}^{n} \delta_i^2 = 0 \\[4pt] \quad \vdots \\[4pt] \dfrac{\partial}{\partial A_q} \sum_{i=1}^{n} \delta_i^2 = 0 \end{array} \right\} \tag{3-21}$$

を解けばよい．上式を整理すると，$(q+1)$ 元の連立一次方程式が得られる．この連立一次方程式を**正規方程式**と呼ぶ．この正規方程式の第1式を第2式から第 $(q+1)$ 式までに代入して，A_0 を消去すると，次式のようになる．

第3章 回帰分析法

$$\left.\begin{array}{l} S_{11}A_1+S_{12}A_2+\cdots+S_{1q}A_q=S_{y1} \\ S_{21}A_1+S_{22}A_2+\cdots+S_{2q}A_q=S_{y2} \\ \vdots \quad\quad \vdots \quad\quad \vdots \quad\quad \vdots \\ S_{q1}A_1+S_{q2}A_2+\cdots+S_{qq}A_q=S_{yq} \end{array}\right\} \qquad (3\text{-}22)$$

なお, $x_1, x_2, \cdots, x_q$ の**分散-共分散行列**を,

$$\boldsymbol{V}=\begin{bmatrix} S_{11} & S_{12} & \cdots & S_{1m} & \cdots & S_{1q} \\ S_{21} & S_{22} & \cdots & S_{2m} & \cdots & S_{2q} \\ \vdots & \vdots & & \vdots & & \vdots \\ S_{k1} & S_{k2} & \cdots & S_{km} & \cdots & S_{kq} \\ \vdots & \vdots & & \vdots & & \vdots \\ S_{q1} & S_{q2} & \cdots & S_{qm} & \cdots & S_{qq} \end{bmatrix} \qquad (3\text{-}23)$$

とする. ただし,

$$S_{km}=\frac{1}{n-1}\sum_{i=1}^{n}(x_{ki}-\bar{x}_k)(x_{mi}-\bar{x}_m) \quad (k, m=1, 2, \cdots, q)$$

さらに, y と $x_1, x_2, \cdots, x_q$ の共分散を

$$\left.\begin{array}{l} S_{y1}=\dfrac{1}{n-1}\sum\limits_{i=1}^{n}(y_i-\bar{y})(x_{1i}-\bar{x}_1) \\ S_{y2}=\dfrac{1}{n-1}\sum\limits_{i=1}^{n}(y_i-\bar{y})(x_{2i}-\bar{x}_2) \\ \vdots \qquad \vdots \qquad \vdots \\ S_{yq}=\dfrac{1}{n-1}\sum\limits_{i=1}^{n}(y_i-\bar{y})(x_{qi}-\bar{x}_q) \end{array}\right\} \qquad (3\text{-}24)$$

とする. そこで (3-22) 式の連立方程式を**クラーメルの公式**[†]を使って解くと次のようになる.

$$A_k = \frac{\begin{vmatrix} S_{11} & S_{12} & \cdots & S_{y1} & \cdots & S_{1q} \\ S_{21} & S_{22} & \cdots & S_{y2} & \cdots & S_{2q} \\ \vdots & \vdots & \vdots & & & \vdots \\ S_{q1} & S_{q2} & \cdots & S_{yq} & \cdots & S_{qq} \end{vmatrix}}{\begin{vmatrix} S_{11} & S_{12} & \cdots & S_{1k} & \cdots & S_{1q} \\ S_{21} & S_{22} & \cdots & S_{2k} & \cdots & S_{2q} \\ \vdots & \vdots & \vdots & & & \vdots \\ S_{q1} & S_{q2} & \cdots & S_{qk} & \cdots & S_{qq} \end{vmatrix}} \qquad (k=1, 2, \cdots, q) \tag{3-25}$$

ここで分子は，分母の行列式の k 列を $S_{y1}, S_{y2}, \cdots, S_{yq}$ で置き換えたものである．

これより，定数項 A_0 は，

$$A_0 = \bar{y} - (A_1 \bar{x}_1 + A_2 \bar{x}_2 + \cdots + A_q \bar{x}_q) \tag{3-26}$$

となる．ただし，

$$\bar{y} = \frac{1}{n} \sum_{i=1}^{n} y_i, \quad \bar{x}_k = \frac{1}{n} \sum_{i=1}^{n} x_{ki} \qquad (k=1, 2, \cdots, q)$$

---

† **クラーメルの公式**（連立方程式を解く手法）

たとえば，

$Ax + By = C$
$Dx + Ey = F$ 　　　　　　（$A \sim F$ は定数）

という連立方程式をクラメールの公式を使って解くと，

$$x = \frac{\begin{vmatrix} C & B \\ F & E \end{vmatrix}}{\begin{vmatrix} A & B \\ D & E \end{vmatrix}}, \qquad y = \frac{\begin{vmatrix} A & C \\ D & F \end{vmatrix}}{\begin{vmatrix} A & B \\ D & E \end{vmatrix}}$$

となる．

このようにして求めた $A_0, A_1, \cdots, A_q$ を，回帰係数と呼ぶ．

ところで回帰係数は，説明変数の大きさの程度（単位のとり方）により異なってくる．そこで，回帰係数の大きさからその程度の影響を取り除くために，各変量を平均 0，分散 1 となるように標準化する．いま標本の大きさは n であり，目的変数 y，説明変数 x_i を標準化した変量（標準変量）を y^*, x_i^* とするとき，

$$y^* = \frac{y-\bar{y}}{\sigma_y}, \quad x_i^* = \frac{x_i - \bar{x}_i}{\sigma_i} \quad (i=1, 2, \cdots, q)$$

として求められる．ここに σ_y, σ_i はそれぞれ y, x_i の標準偏差である．このとき y^* の x_i^* に対する重回帰式は，

$$y^* = A_1^* x_1^* + A_2^* x_2^* + \cdots + A_q^* x_q^*$$

の形に導くことができる．ここに，$A_1^*, A_2^*, \cdots, A_q^*$ は**標準回帰係数**と呼ばれ，各説明変数の影響の大きさを評価できる．

次に，目的変数の実際の観測値（y）と重回帰式より求めた予測値（Y）の相関係数を y と $x_1, x_2, \cdots, x_q$ の**重相関係数**と呼ぶ．つまり，

$$r_{y \cdot 12 \cdots q} = \frac{S_{yY}}{\sqrt{S_{yy} \cdot S_{YY}}} \tag{3-27}$$

となる．ただし，$r_{y \cdot 12 \cdots q}$ は，

$$0 \leq r_{y \cdot 12 \cdots q} \leq 1$$

を満足する．

また，次のようにも表現できる．

$$r_{y \cdot 12 \cdots q} = \sqrt{1 - \frac{\bar{S}}{S_{yy} \bar{S}_{11}}} \tag{3-28}$$

ただし，

$$\overline{S} = \begin{vmatrix} S_{yy} & S_{y1} & S_{y2} & \cdots & S_{yq} \\ S_{1y} & S_{11} & S_{12} & \cdots & S_{1q} \\ S_{2y} & S_{21} & S_{22} & \cdots & S_{2q} \\ \vdots & \vdots & \vdots & & \vdots \\ S_{qy} & S_{q1} & S_{q2} & \cdots & S_{qq} \end{vmatrix}$$

である．$\overline{S}_{ik}$ は行列式 $\overline{S}$ の i 行 k 列の**余因子**（i 行 k 列の要素を取り除いて作った行列式に $(-1)^{i+k}$ を掛けたもの）である．

さて，この重相関係数が1に近いほど，予測の精度が高いことを示し，説明変数 q 個で目的変数をうまく説明しているといえる．

次に，目的変数 y と説明変数 x_1 から $x_2, x_3, \cdots x_q$ の回帰を無視したときの相関を考えてみよう．これを**偏相関係数**というが，単なる y と x_1 の相関とは異なる．すなわち，この偏相関係数は，$x_2, x_3, \cdots, x_q$ の影響を除いた（単なる y と x_1 の相関では内在的に $x_2, x_3, \cdots, x_q$ の影響を受けている）y と x_1 の相関係数と解釈できる．同じように，y と x_k（$k = 1, 2, \cdots, q$）の偏相関係数が考えられる（この場合，偏相関係数は q 個定義できる）．

たとえば y と x_1 の偏相関係数を式で示すと次のようになる．

$$r_{y1 \cdot 23 \cdots q} = -\frac{\overline{S}_{12}}{\sqrt{\overline{S}_{11} \overline{S}_{22}}} \tag{3-29}$$

ただし，$\overline{S}_{11}, \overline{S}_{22}, \overline{S}_{12}$ は，それぞれ行列式 $\overline{S}$ の1行1列，2行2列，1行2列の余因子である．

3.5 重回帰分析の適用例（学校の成績，打者の評価）

ここでは，重回帰分析の例として，学校の成績の分析とプロ野球の打者の評価について具体的に適用してみることにする．

〔その1〕学校の成績の分析

ある土木系の学校で専門科目の中に数学・物理学・構造力学・水理学という

第3章 回帰分析法

講義科目がある．そこで，数学の成績を目的変数 y として，説明変数 x_1（物理学の成績）・x_2（構造力学の成績）・x_3（水理学の成績）により予測する式を考えてみよう．データは学年末に行われた15人の学生の成績の結果である（**表 3.3**）．

表 3.3 重回帰分析のデータ（学校の成績）

	目的変数 y(数学)	説明変数 x_1(物理)	説明変数 x_2(構力)	説明変数 x_3(水理)
1	94	80	84	85
2	94	84	91	96
3	95	90	88	84
4	97	86	88	84
5	85	74	67	80
6	71	67	73	60
7	71	73	73	69
8	83	70	62	68
9	46	45	34	30
10	46	63	56	55
11	60	62	77	65
12	63	70	72	65
13	46	45	56	50
14	54	45	49	50
15	97	88	78	94

まず，x_1, x_2, x_3 の分散-共分散行列 (3-23) 式と，y と x_1, x_2, x_3 の共分散 (3-24) 式を求めると次のようになる．

$$\boldsymbol{V} = \begin{bmatrix} 235.267 & 216.424 & 261.0 \\ 216.424 & 258.695 & 264.857 \\ 261.0 & 264.857 & 338.143 \end{bmatrix}$$

$S_{y1} = 280.695$

$S_{y2} = 260.281$

$S_{y3} = 337.857$

これより，(3-22) 式の連立方程式を解き，回帰係数を求めると，

$$A_1 = 0.675, \quad A_2 = -0.243, \quad A_3 = 0.668$$

となり，定数項 $A_0 = -2.575$ となる．

したがって重回帰式は，

$$y = -2.575 + 0.675 x_1 - 0.243 x_2 + 0.668 x_3$$

となる．

また，回帰係数の大きさからその程度の影響を取り除くために各変量のデータを平均 0，分散 1 になるように標準化して，標準回帰係数を求めた．

$$A_1^* = 0.519, \quad A_2^* = -0.196, \quad A_3^* = 0.615$$

したがって標準化された重回帰式は，

$$y^* = 0.519 x_1 - 0.196 x_2 + 0.615 x_3$$

となる．

次に各変量間の相関は高く，各相関係数は，

$r_{yx_1} = 0.916$ （数学と物理学）

$r_{yx_2} = 0.810$ （数学と構造力学）

$r_{yx_3} = 0.920$ （数学と水理学）

$r_{x_1 x_2} = 0.877$ （物理学と構造力学）

$r_{x_1 x_3} = 0.925$ （物理学と水理学）

$r_{x_2 x_3} = 0.896$ （構造力学と水理学）

となる．

さらに，目的変数 y である数学と他の 3 科目との偏相関係数は，

$r_{y1\cdot 23} = 0.482$ （数学と物理学）

$r_{y2\cdot 13} = -0.237$ （数学と構造力学）

$r_{y3\cdot 12} = 0.518$ （数学と水理学）

となり，構造力学との偏相関係数がマイナス，他は0.5前後であった．

最後に，重回帰式による予測の精度を表す重相関係数は，

$r_{y\cdot 123} = 0.940$

となり，3個の説明変数（物理学，構造力学，水理学の成績）により目的変数（数学）をよく説明していると考えられる．

　それでは，ここでこの例1の計算の結果からわかることをまとめてみよう．まず，各説明変数の影響力を見るために標準回帰係数を比べると，水理学がもっとも影響力があり（0.615），ついで物理学（0.519）である．ところが構造力学は−0.196とマイナスになる．そこで回帰係数がマイナスになることの理由について考察してみよう．つまり，物理学と水理学の成績がよい場合には，構造力学の成績が悪い方がかえって，数学の成績が高く予測されることになる．これは一見反対のように思われる．なぜなら数学と構造力学の相関係数は0.810と相関が高いからである．ところが，このように解釈すると理解できる．つまり，物理学も構造力学も水理学も成績のよかった人は，物理学と水理学がよく構造力学が悪かった人に比べて，数学の成績の予測は低くなる．このとき，物理学と構造力学と水理学の相関がかなり高い（すべて0.9前後である）ことに関心を集めなければならない．したがって，普段，構造力学が得意で，物理学と水理学が不得意の学生が，たまたま構造力学に類似した問題が物理学や水理学に多く出題されたために，物理学や水理学の成績がよくなったと考えられる．このため，物理学も構造力学も水理学も成績のよかったとき，構造力学の成績がよくなるほど，逆に，数学の成績の予測値は低くなる．すなわち，構造力学の成績がよいことは，構造力学ができたために物理学と水理学ができたものと判断され，物理学・水理学独自の能力を低めに推定するのである．この場合，独自の能力という解釈が重要である．つまり，構造力学の問題を物理学・水理学に関連のある部分とない部分にわけた場合，物理学・水理学に関連のあ

表3.4 重回帰分析における観測値と予測値

	観測値	予測値	誤差
1	94	87.838	6.162
2	94	96.189	-2.189
3	95	92.950	2.050
4	97	90.249	6.751
5	85	84.575	0.425
6	71	65.025	5.975
7	71	75.091	-4.091
8	83	75.070	7.930
9	46	39.597	6.403
10	46	63.113	-17.113
11	60	64.019	-4.019
12	63	70.635	-7.635
13	46	47.618	-1.618
14	54	49.319	4.681
15	97	100.711	-3.711

る部分がよくできた場合には，数学の成績の予測値は高く，物理学・水理学に関連のない部分がよくできた場合には，数学の成績の予測値は低くなると考えられる．

したがって，他の科目の影響をとり除いた場合，数学の成績にプラスの影響を与える科目は，物理学と水理学と考えられる．それを表しているのが偏相関係数である．数学と水理学の偏相関係数が最も高く0.518である．水理学独自の能力が数学に反映することがわかる．次に数学と物理学の偏相関係数で0.482とやや水理学よりも低い．それでも物理学独自の能力も数学と相関することがわかる．ところが，構造力学独自の能力と数学はマイナスの相関をする．偏相関係数も-0.237となる．この理由により，構造力学の回帰係数がマイナスになったのである．繰り返すが，数学と構造力学の単なる相関が0.8以上あるのは，構造力学と相関の高い物理学・水理学の影響であることはいうまでも

ない．このように，現象の分析とは，表面に現れない潜在的因子をくみとることである．

さてこのような重回帰モデルにより予測した結果と誤差を**表3.4**に掲げることにする．

〔その2〕プロ野球の打者の評価

2008年度プロ野球セ・リーグの打撃部門15位までの選手の成績を**表3.5**に示した．そこでOERA（第2章参考）を目的変数yとして，説明変数x_1（打率），x_2（本塁打），x_3（四死球）によって予測する式を考えてみよう．

まず，説明変数x_1，x_2，x_3の分散‐共分散行列と，yとx_1，x_2，x_3の共分散を求め，回帰係数を計算すると，

$$A_1 = 50.351, \quad A_2 = 0.072, \quad A_3 = 0.027$$

となり，定数項は，$A_0 = -11.546$ となる．

表3.5 重回帰分析のデータ（打者の評価）

		目的関数 y(OERA)	説明変数 x_1(打率)	説明変数 x_2(本塁打)	説明変数 x_3(四死球)
①	内川聖一	9.276	0.378	14	35
②	青木宣親	8.85	0.347	14	52
③	栗原健太	7.809	0.332	23	54
④	村田修一	9.718	0.323	46	62
⑤	森野将彦	8.564	0.321	19	46
⑥	福地寿樹	6.155	0.32	9	37
⑦	ラミレス	8.427	0.319	45	49
⑧	赤星憲広	5.914	0.317	0	77
⑨	東出輝裕	4.058	0.31	0	26
⑩	小笠原道大	8.215	0.31	36	63
⑪	宮本慎也	4.659	0.308	3	31
⑫	金本知憲	8.136	0.307	27	80
⑬	新井貴浩	6.5	0.306	8	40
⑭	アレックス	5.572	0.306	15	35
⑮	和田一浩	6.024	0.302	16	36

表 3.6 重回帰分析における観測値と予測値

	観測値	予測値	誤差
① 内川聖一	9.27600	9.42776	-0.15176
② 青木宣親	8.85000	8.32244	0.52756
③ 栗原健太	7.80900	8.26569	-0.45669
④ 村田修一	9.71800	9.67503	0.04297
⑤ 森野将彦	8.56400	7.21083	1.35317
⑥ 福地寿樹	6.15500	6.20273	-0.04773
⑦ ラミレス	8.42700	9.05360	-0.62660
⑧ 赤星憲広	5.91400	6.47865	-0.56465
⑨ 東出輝裕	4.05800	4.75954	-0.70154
⑩ 小笠原道大	8.21500	8.33070	-0.11569
⑪ 宮本慎也	4.65900	5.00780	-0.34880
⑫ 金本知憲	8.13600	7.99028	0.14572
⑬ 新井貴浩	6.50000	5.50656	0.99344
⑭ アレックス	5.57200	5.87417	-0.30217
⑮ 和田一浩	6.02400	5.77122	0.25278

したがって重回帰式は,

$$y = -11.546 + 50.351 x_1 + 0.072 x_2 + 0.027 x_3$$

となり，この式により目的変数を予測した値と誤差は**表 3.6** に示したとおりである．

また，データを標準化して求めた標準回帰係数は，

$$A_1^* = 0.605, \ A_2^* = 0.571, \ A_3^* = 0.252$$

となる．したがって各説明変数の影響の大きさを評価すると，打率 (0.605)，本塁打 (0.571)，四死球 (0.252) の順となる．

次に，目的係数 y である OERA 値と 3 つの説明変数（打率・本塁打・四死球）との偏相関係数は，

$$r_{y1\cdot23} = 0.852 \quad (\text{OERA 値と打率})$$
$$r_{y2\cdot13} = 0.860 \quad (\text{OERA 値と本塁打})$$
$$r_{y3\cdot12} = 0.562 \quad (\text{OERA 値と四死球})$$

となる．これより，他の変数の影響を排除した偏相関係数では，本塁打との相関が最も高く，ついで，打率，四死球の順である．

最後に，重回帰モデルによる予測の精度を表す重相関係数は，

$$r_{y\cdot123} = 0.941$$

となり，3つの説明変数（打率・本塁打・四死球）により，目的変数（OERA 値）をよく説明しているといえる．

第4章 数量化理論1類

　数量化理論1類とは，質的な要因に基づいて量的に与えられた外的基準を説明するための手法である．

> **本章を学ぶ3つのポイント**
> ① 予測を行うという視点から質的な説明変数を有する数量化理論1類の概念を理解すること．
> ② 数量化理論1類におけるアイテムとカテゴリーという概念を理解すること．
> ③ 数量化理論1類の概念は回帰分析法の概念とどこが違うかを明確に理解すること．

4.1 数量化理論1類とは

　第3章でとりあげた回帰分析法では，テストの成績（点数）やプロ野球の打者の成績など量的なデータ（多変量）を解析してきた．ところが，実際の社会現象においては，いつも量的なデータが得られるとは限らず，質的〔職業別，現象の有無，成績の程度（優・良・可）〕なデータをもとに解析しなければならないケースも多い．
　このような質的なデータを目的に応じて適当な数量に変換して，解析していく方法を数量化法という．
　この数量化法は，大きく2つに分類される．1つは，外的基準のある場合であり，もう1つは外的基準のない場合である．ここでいう外的基準とは，測定対象のもつある特別な性質のことである．たとえば，回帰分析法における目的

変数がこれにあたる．すなわち，予測，あるいは説明しようとするものである．この外的基準のある数量化法には，数量化理論1類，2類があり，一方，外的基準のない数量化法には，数量化理論3類，4類がある．

　本章で論じる数量化理論1類とは，質的な要因に基づいて，量的に与えられた外的基準を説明するための手法である．一方，第6章で述べる数量化理論2類とは，質的な要因に基づいて，質的に与えられた外的基準を説明するための手法である．

　では，本章の主題である数量化理論1類の説明に入ろう．たとえば，ある出版社の編集部が新しい本の企画を考えたとする．当然のことながら，できるだけ多くの読者に読んでもらいたいと思う．しかし，作家とか企画内容には限りがあり，ベストセラーの本とそうでない本とが出てくるのはしかたがない．ところが，それらの制約条件の中で，編集スタッフは，できるだけ部数を伸ばしたいと考えるのはあたりまえである．そこで，ある出版企画を考えたとき，その本がどのくらい売れるか予測することができれば，大いに助かることになる．

　このような予測をするには，どのようにすればよいであろうか？　これには，まず，過去の本の売り上げ実績を N 個集めてくる．そして，各々の本の売り上げ高に影響を与えていると思われる**アイテム**（作家，企画内容，カバーデザイン等）を m 個とりあげ，さらにアイテム i に n_i 個の**カテゴリー**（たとえば企画内容のアイテムならその種類）を設ける．このようにすれば，過去の本 s は，それぞれ各アイテムについてどのカテゴリーに相当するかが明らかになる．これを例えば**表 4.1**のように示す．

　このように示されたアイテム・カテゴリーへの反応の仕方を次に示すような変数により定義する．

$$\delta_{ij}^s = \begin{cases} 1\cdots\cdots（個体 s がアイテム i のカテゴリー j に反応したとき） \\ 0\cdots\cdots（その他のとき） \end{cases} \quad (4\text{-}1)$$

　こうして分析の対象となるアイテム・カテゴリーデータが得られることになる．また本の企画 s には，売り上げ高という量的数量で与えられた外的基準 y_s が与えられている．

　アイテム i のカテゴリー j にふりわける数量（**カテゴリー数量**）を a_{ij} とし

表4.1 数量化1類のデータシート

本 No. (個体)	アイテム カテゴリー 売り上げ高 (外的基準)	1 $1\ 2\cdots n_1$	2 $1\ 2\cdots n_2$	………	m $1\ 2\cdots n_m$
1	y_1	∨	∨		∨
2	y_2	∨	∨		∨
3	y_3	∨	∨	………	∨
⋮	⋮	⋮	⋮	⋮	⋮
N	y_N	∨	∨		∨

て，本の企画 s の数量 Y_s は次のように表せる．

$$Y_s = \sum_{i=1}^{m}\sum_{j=1}^{n_i} a_{ij}\delta_{ij}^{s} \quad (s=1,2,\cdots,N) \tag{4-2}$$

そして，この数量 Y_s と外的基準である本の売り上げ高 y_s が最もよく一致（近似）するようにカテゴリー数量 a_{ij} を求めるのである．最もよく一致するとは，

$$\sum_{s=1}^{N}(y_s - Y_s)^2 \tag{4-3}$$

を最小にすることである．つまり，回帰分析と同じように，最小2乗法を用いて，a_{ij} を決めるのである．この計算法は基本的には回帰分析法と同じであるから省くことにする．また，一般的にカテゴリー数量（a_{ij}）は，各アイテム内の平均値（個体数で重み付けした）がゼロになるように基準化しておくのがよい（すなわち $a_{ij}{}^*$）．

このように最小2乗法を用いて，重みである $a_{ij}{}^*$ を求めることは，観測値 y_s（外的基準）と予測値 Y_s（個体に与えられた数量）の相関係数を最大にすることである．この相関係数 R は，観測値 y_s（外的基準）と変数 δ_{ij}^{s} との重相関係数ともいえる．また，予測の精度という点からみれば，この重相関係数が1に近いほど，信頼性が高いといえる．またこの2乗 R^2（**決定係数**）により

説明もできる．

また，各々のアイテム内のカテゴリー数量 $a_{ij}{}^*$ の範囲（**レンジ**）は，

$$\max_j (a_{ij}) - \min_j (a_{ij}) \quad (i = 1, 2, \cdots, m) \tag{4-4}$$

と表される．この範囲（レンジ）の値により，本の売り上げ高にどのアイテムが影響をおよぼしているか，ある程度は推定することができる．つまり，外的基準 y_s に対する各アイテムの影響の大きさを表しているのである．

さらに，カテゴリー数量 $a_{ij}{}^*$ そのものの値は，外的基準に対する重みであり，この場合，売り上げ高にどのカテゴリーが影響をおよぼしているかを推定しているものである．

最後に，回帰分析法のときと同じように，各アイテム i と外的基準 y_s との間の偏相関係数も求めることができる．これも，外的基準 y_s に対する各アイテムの影響の大きさを表す指標である．

4.2　数量化理論1類の適用例：その1（学校の成績）

ここでは，数量化理論1類の例として，学校の成績の分析に適用しながら具体的にみてみることにする．適用例は，ある土木系の学校での専門科目である，数学・応用物理・構造力学・水理学の成績についてである．3.5節とよく似ているが，データは別のもので，しかも，数学以外の成績は質的（優1，良2，可3）に与えられている．ただし，優は80点〜100点で，良は60点〜79点，可は60点未満とする．

そこで，数学の成績を外的基準として，アイテム1（応用物理の成績）・アイテム2（構造力学の成績）・アイテム3（水理学の成績），さらに各アイテムごとに，カテゴリー1（優），カテゴリー2（良），カテゴリー3（可）とする．データは学年末に行われた28人の学生の成績の結果である（表4.2）．

さて，このデータについて，数量化理論1類を用いて分析してみよう．

まず，**表4.2** より**クロス集計**した結果を示すと，**表4.3**のクロス集計表になる．これは，あるアイテム・カテゴリーとあるアイテム・カテゴリーとの両方

4.2 数量化理論1類の適用例：その1（学校の成績）

表 4.2 数量化理論1類のデータ（学校の成績）

No.	（外的基準）数　学	アイテム1 応用物理	アイテム2 構造力学	アイテム3 水理学
1	90	2	1	1
2	60	2	2	3
3	73	2	1	3
4	78	1	2	1
5	72	3	1	3
6	97	3	1	1
7	86	2	1	2
8	60	3	3	3
9	60	3	3	3
10	80	2	1	1
11	60	3	3	3
12	80	1	1	1
13	83	1	1	1
14	60	2	1	2
15	94	1	1	1
16	99	1	1	1
17	86	1	1	1
18	94	1	1	1
19	94	1	1	1
20	95	1	1	1
21	97	1	1	1
22	85	2	3	1
23	71	3	2	3
24	77	2	2	3
25	83	2	3	3
26	60	3	2	3
27	63	2	2	3
28	97	1	2	1

表 4.3 クロス集計表

		アイテム1			アイテム2			アイテム3		
		1	2	3	1	2	3	1	2	3
アイテム1	1	11	0	0	9	2	0	11	0	0
	2	0	10	0	5	3	2	3	2	5
	3	0	0	7	2	2	3	1	0	6
アイテム2	1	9	5	2	16	0	0	12	2	2
	2	2	3	2	0	7	0	2	0	5
	3	0	2	3	0	0	5	1	0	4
アイテム3	1	11	3	1	12	2	1	15	0	0
	2	0	2	0	2	0	0	0	2	0
	3	0	5	6	2	5	4	0	0	11

に反応した個体数である．たとえば，1行4列の9という数字は，アイテム1（応用物理）でカテゴリー1（優）に属する学生11人のうち9人がアイテム2（構造力学）でもカテゴリー1（優）に属するという意味である．

このクロス集計表より計算した結果，各アイテムの基準化されたカテゴリー数量，範囲，そして外的基準との偏相関係数はそれぞれ**表 4.4**に示すとおりである．また，基準化されたカテゴリー数量および各要因（アイテム）の範囲（レンジ）を図示すると，それぞれ**図 4.1**，**図 4.2**に示すとおりとなる．

表 4.4 カテゴリー数量，範囲，偏相関係数

アイテム	カテゴリー	頻度	カテゴリー数量	範囲	偏相関係数
応用物理 (1)	1 （優） 2 （良） 3 （可）	11 10 7	1.769 0.285 −3.187	4.956	0.195
構造力学 (2)	1 （優） 2 （良） 3 （可）	16 7 5	2.174 −3.014 −2.738	5.188	0.275
水理学 (3)	1 （優） 2 （良） 3 （可）	15 2 11	7.851 −9.245 −9.025	17.096	0.632

4.2 数量化理論1類の適用例：その1（学校の成績）

アイテム	カテゴリー	カテゴリー数量
1	1 2 3	1.769 0.285 −3.187
2	1 2 3	2.174 −3.014 −2.738
3	1 2 3	7.851 −9.245 −9.025

図 4.1 カテゴリー数量の可視化

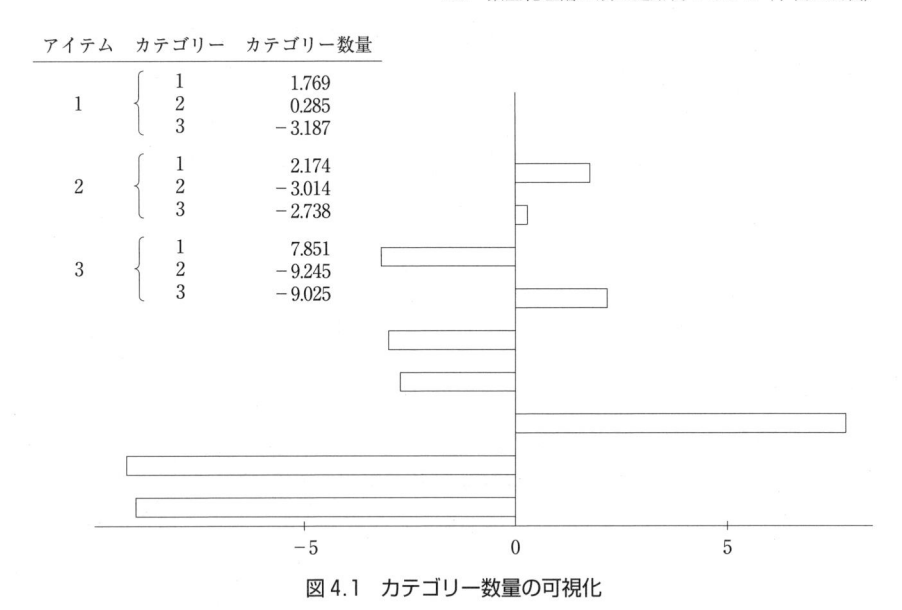

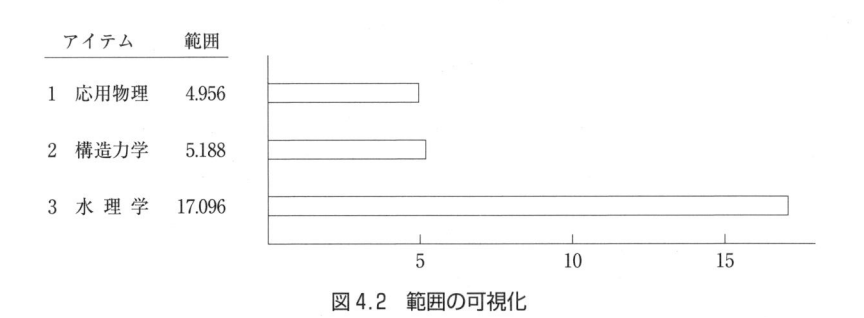

アイテム		範囲
1	応用物理	4.956
2	構造力学	5.188
3	水理学	17.096

図 4.2 範囲の可視化

次に，各アイテム間ならびに外的基準との相関係数を求めると，

第 4 章　数量化理論 1 類

$r_{y1} = 0.608$ （数学と応用物理）
$r_{y2} = 0.548$ （数学と構造力学）
$r_{y3} = 0.803$ （数学と水理学）
$r_{12} = 0.397$ （応用物理と構造力学）
$r_{13} = 0.628$ （応用物理と水理学）
$r_{23} = 0.491$ （構造力学と水理学）

となる．これより，重相関係数 $R = r_{y \cdot 123}$ は 0.8294 となる．よって決定係数 $R^2 = 0.6880$ となる．

以上の結果から次のことがわかる．

(i) 外的基準（数学の成績）の観測値と予測値の相関係数 R により，分析結果の精度がわかる．この例の場合，$R = 0.829$ であり，結果の精度はまあまあである．

(ii) 数学の成績の変動のうち，応用物理・構造力学・水理学の成績により，およそ 69%（決定係数 $R^2 = 0.688$）が説明されている．

(iii) 各アイテムの基準化されたカテゴリー数量の範囲から，外的基準への影響の度合は水理学，構造力学，応用物理の順となる．また，水理学，構造力学，応用物理のそれぞれのカテゴリーによって数学の成績がおよそ 17 点強，5 点強，5 点弱の差があることがわかる（図 4.2 参照）．

(iv) 外的基準（数学の成績）と各アイテムの純粋な相関は偏相関係数でわかる．偏相関の高いアイテムの順序は，水理学・構造力学・応用物理である．

(v) 各アイテムの基準化されたカテゴリー数量の値より，応用物理では優，良，可の順で，外的基準（数学の成績）を高くしていることがわかる．一方，構造力学・水理学では，優，可，良の順で外的基準（数学の成績）を高くしている（図 4.1 参照）．

さて，このような数量化理論 1 類で予測した結果と誤差を **表 4.5** に掲げることにする．

4.2 数量化理論1類の適用例：その1（学校の成績）

表4.5 数量化理論1類における観測値と予測値

No.	観測値	予測値	誤差
1	90.0	90.096	− 0.096
2	60.0	68.032	− 8.032
3	73.0	73.220	− 0.220
4	78.0	86.392	− 8.392
5	72.0	69.748	2.252
6	97.0	86.624	10.376
7	86.0	73.000	13.000
8	60.0	64.836	− 4.836
9	60.0	64.836	− 4.836
10	80.0	90.096	− 10.096
11	60.0	64.836	− 4.836
12	80.0	91.580	− 11.580
13	83.0	91.580	− 8.580
14	60.0	73.000	− 13.000
15	94.0	91.580	2.420
16	99.0	91.580	7.420
17	86.0	91.580	− 5.580
18	94.0	91.580	2.420
19	94.0	91.580	2.420
20	95.0	91.580	3.420
21	97.0	91.580	5.420
22	85.0	85.184	− 0.184
23	71.0	64.560	6.440
24	77.0	68.032	8.968
25	83.0	68.308	14.692
26	60.0	64.560	− 4.560
27	63.0	68.032	− 5.032
28	97.0	86.392	10.608

4.3 数量化理論 1 類の適用例：その 2（打者の成績）

数量化理論 1 類の 2 つ目の例として，プロ野球の打撃成績の分析について，具体的に適用してみることにする．適用例は，3.5 節の適用例その 2 で扱った 2008 年度プロ野球セ・リーグ打撃部門 15 位までの選手の成績である．ただし，ここでは，OERA の値以外（打率，本塁打，四死球）の成績は質的（優 1，良 2，可 3）に与えられている（**表 4.6**）．

そこで，OERA の成績を外的基準として，アイテム 1（打率），アイテム 2（本塁打），アイテム 3（四死球），さらにアイテムごとにカテゴリー 1（優），カテゴリー 2（良），カテゴリー 3（可）とする．

表 4.6　数量化理論 1 類のデータ（打者の成績）

		OERA（外的基準）	打率	本塁打	四死球
①	内川聖一	9.276	1	3	3
②	青木宣親	8.85	1	3	2
③	栗原健太	7.809	1	2	2
④	村田修一	9.718	1	1	1
⑤	森野将彦	8.564	1	2	2
⑥	福地寿樹	6.155	2	3	3
⑦	ラミレス	8.427	2	1	2
⑧	赤星憲広	5.914	2	1	1
⑨	東出輝裕	4.058	2	1	3
⑩	小笠原道大	8.215	2	1	1
⑪	宮本慎也	4.659	3	3	3
⑫	金本知憲	8.136	3	2	1
⑬	新井貴浩	6.5	3	3	2
⑭	アレックス	5.572	3	2	3
⑮	和田一浩	6.024	3	2	3

さて，このデータについて，数量化理論 1 類を用いて分析する．まず表 4.6

4.3 数量化理論1類の適用例：その2（打者の成績）

表4.7 クロス集計表

		アイテム1			アイテム2			アイテム3		
		1	2	3	1	2	3	1	2	3
アイテム1	1	5	0	0	1	2	2	1	3	1
	2	0	5	0	4	0	1	2	1	2
	3	0	0	5	0	3	2	1	1	3
アイテム2	1	1	4	0	5	0	0	3	1	1
	2	2	0	3	0	5	0	1	2	2
	3	2	1	2	0	0	5	0	2	3
アイテム3	1	1	2	1	3	1	0	4	0	0
	2	3	1	1	1	2	2	0	5	0
	3	1	2	3	1	2	3	0	0	6

表4.8 カテゴリー数量，範囲，偏相関係数

アイテム	カテゴリー	頻度	カテゴリー数量	範囲	偏相関係数
打率	1（優）	5	1.425	2.265	0.718
	2（良）	5	-0.584		
	3（可）	5	-0.841		
本塁打	1（優）	5	-0.293	0.558	0.201
	2（良）	5	0.027		
	3（可）	5	0.265		
四死球	1（優）	4	1.163	2.113	0.607
	2（良）	5	0.210		
	3（可）	6	-0.950		

からクロス集計した結果を示すと，**表4.7**のクロス集計表になる．これは，あるアイテム・カテゴリーとあるアイテム・カテゴリーとの両方に反応した個体数である．たとえば，1行8列の3という数字は，アイテム1（打率）でカテゴリー1（優）に属する選手5人のうち3人がアイテム3（四死球）ではカテゴリー2（良）に属するという意味である．このクロス集計表より計算した結果，各アイテムの基準化されたカテゴリー数量，範囲，そして外的基準との偏相関係数はそれぞれ**表4.8**に示すとおりである．さらに，基準化されたカテゴ

リー数量および各要因（アイテム）の範囲を図示すると，それぞれ**図 4.3**，**図 4.4**に示すとおりとなる．

次に，各アイテム間ならびに外的基準との相関係数を求めると，

$r_{y1} = 0.699$ （OERA と打率）

$r_{y2} = -0.042$ （OERA と本塁打）

$r_{y3} = 0.537$ （OERA と四死球）

$r_{12} = 0.124$ （打率と本塁打）

$r_{13} = 0.159$ （打率と四死球）

$r_{23} = -0.495$ （本塁打と四死球）

となる．これより，重相関係数 $R = r_{y \cdot 123}$ は 0.8292 となる．したがって決定係数 R^2 は 0.6876 となる．

以上の結果から次のことがわかる．

(i) 外的基準（OERA 値）の観測値と予測値の相関係数 R から分析結果の精度がわかる．この例の場合 $R = 0.8292$ であり，結果の精度はきわめて良好である．

(ii) OERA 値の変動のうち，打率・本塁打・四死球の成績により，およそ 70%（決定係数 $R^2 = 0.6876$）が説明されている．

(iii) 各アイテムの基準化されたカテゴリー数量の範囲から，外的基準

アイテム	カテゴリー	カテゴリー数量
1	1	1.425
	2	-0.584
	3	-0.841
2	1	-0.293
	2	0.027
	3	0.265
3	1	1.163
	2	0.210
	3	-0.950

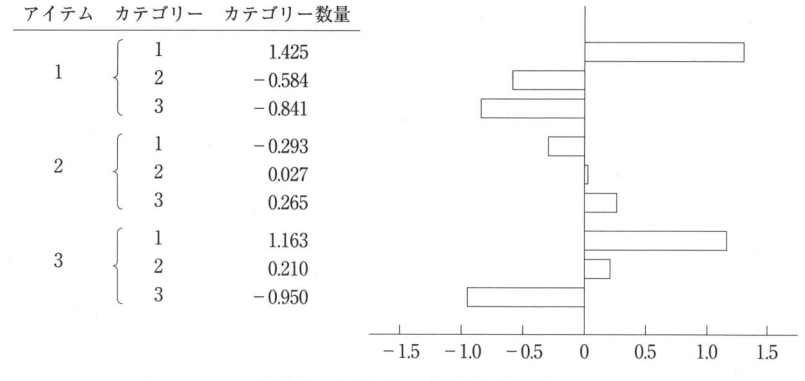

図 4.3　カテゴリー数量の可視化

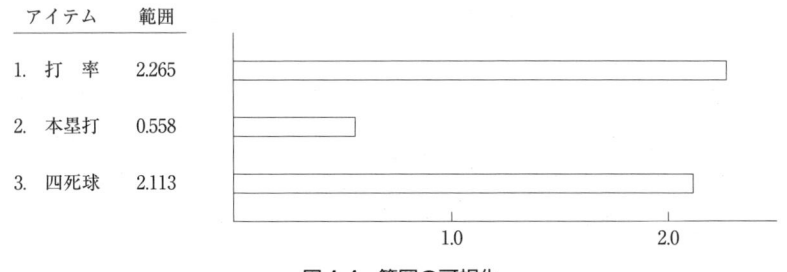

4.3 数量化理論1類の適用例：その2（打者の成績）

アイテム	範囲
1. 打　率	2.265
2. 本塁打	0.558
3. 四死球	2.113

図 4.4　範囲の可視化

（OERA 値）への影響の度合は，打率・四死球・本塁打の順となる．また，打率・本塁打・四死球のそれぞれにおいて優と可とでは，OERA 値がおよそ，2.3，0.6．2.1の差があることがわかる（図 4.4 参照）．

(iv) 外的基準（OERA 値）と各アイテムの純粋な相関は偏相関係数でわかる．偏相関係数の高いアイテムの順序は，(iii)と同じく，打率・四死球・本塁打である．この結果も(iii)で述べた内容と同じ理由によるものと思われる．

(v) これは当然のことであるが，各アイテムの基準化されたカテゴリー数量の値から，打率・四死球は優，良，可の順であり，本塁打は可，良，優の順で外的基準（OERA 値）を高くしていることがわかる（図 4.3 参照）．

さて，このような数量化理論 1 類で予測した結果と誤差を**表 4.9** に掲げることにする．

第4章 数量化理論1類

表4.9 数量化理論1類における観測値と予測値

	観測値	予測値	誤差
① 内川聖一	9.276	7.932	1.344
② 青木宣親	8.850	9.092	−0.242
③ 栗原健太	7.809	8.854	−1.045
④ 村田修一	9.718	9.486	0.232
⑤ 森野将彦	8.564	8.854	−0.290
⑥ 福地寿樹	6.155	5.923	0.232
⑦ ラミレス	8.427	6.525	1.902
⑧ 赤星憲広	5.914	7.478	−1.564
⑨ 東出輝裕	4.058	5.365	−1.307
⑩ 小笠原道大	8.215	7.478	0.737
⑪ 宮本慎也	4.659	5.667	−1.008
⑫ 金本知憲	8.136	7.541	0.595
⑬ 新井貴浩	6.500	6.826	−0.326
⑭ アレックス	5.572	5.428	0.144
⑮ 和田一浩	6.024	5.428	0.596

第5章 判別分析法

　判別分析法とは，量的な要因に基づいて質的に与えられた外的基準を説明するための手法である．

> **本章を学ぶ3つのポイント**
> ① 判別分析法は，回帰分析法において外的基準が質的データで与えられている場合に相当していることを理解すること．
> ② 判別分析法における各個体といくつかのグループという概念を理解すること．
> ③ 判別分析法は，いくつかの変量についてグループごとに与えられたデータにより，各個体がどちらのグループに属するかを判別する手法であることを理解すること．

5.1 判別分析法とは

　第3章において述べた回帰分析法は，外的基準（目的変数）が量的に与えられ，説明変数も量的に与えられた分析法であった．また第6章で述べる数量化理論2類は，外的基準が質的に与えられ，説明変数（各アイテム）も質的に与えられる分析法である．さて，本章で説明する**判別分析法**は，外的基準が質的に与えられ，説明変数が量的に与えられる分析法である．その意味で判別分析法とは，回帰分析法において外的基準が質的データで与えられている場合に相当し，さらに，数量化理論2類において説明変数が量的データで与えられている場合に相当する．すなわち，いくつかの変量についてグループごとに与えられたデータにより，各個体がどちらのグループに属するかを判別する方法であ

る．

　たとえば，学生時代の成績をもとにして，社会人として成功したかしなかったかを判別する場合を考える．よく学生時代の成績が良いと社会人として成功するとか，また反対に，学生時代の成績ぐらいあてにならないものはないといわれることがある．教職に身をおいているものとして，実感として2つの説は2つとも正しいと思われる．学生時代からまじめに勉強して，社会人になっても続けてまじめに働き，名をあげ成功する人もいるし，逆に，学生時代はチャランポランでろくに勉強もせず，成績も最下位に甘んじている人が社会人になって，急にガンバリ出し，社長にまで昇進する人もいる．そこで，グループ1（成功した人），グループ2（失敗した人）別に，学生時代の成績（素行，性格等も量的データとして加える）が，q個の変量（$x_1, \cdots, x_q$）として**表5.1**のように与えられているとする．

表5.1　2つのグループにおける変量

グループ1（成功した人々）

学生番号 \ 変量	x_1	x_2	……	x_q
1	x_{11}^{i}		…………	x_{q1}^{i}
2	⋮			⋮
⋮	⋮			⋮
m_1	$x_{1m_1}^{\mathrm{i}}$		…………	$x_{qm_1}^{\mathrm{i}}$

グループ2（失敗した人々）

学生番号 \ 変量	x_1	x_2	……	x_q
1	x_{11}^{ii}		…………	x_{q1}^{ii}
2	⋮			⋮
⋮	⋮			⋮
m_2	$x_{1m_2}^{\mathrm{ii}}$		…………	$x_{qm_2}^{\mathrm{ii}}$

　ただし，グループ1，グループ2のサンプル数は，それぞれ，m_1，m_2個とする．

　このような場合，各変量間には相関関係がみられるから，各科目の成績や種々の性格尺度の得点に，成功するグループ，失敗するグループの差が明らかに表れるように重みを与えればよい．このような重みを付けた合成得点を使って，2つのグループに判別することができる．この合成得点のことを**線形判別関数**といい，

$$Y = \alpha_1 x_1 + \alpha_2 x_2 + \cdots + \alpha_q x_q \tag{5-1}$$

と表す．この係数 $\alpha_1, \alpha_2, \cdots, \alpha_q$ はこれら2つのグループの差を最も明確に表すように定める．別の表現をすれば，2つのグループの平均間の距離が最も大きくなるように定めるということである．

この，2つのグループの平均値（重心）間の距離は，各変量の分散および各変量間の相関を考慮して，規準化された**マハラノビスの距離** D（7.2節参照）を使う．これは各グループの平均値，両グループを合わせたデータによる分散-共分散行列を使って計算することができる．

ただ，式（5-1）のように**判別関数**が線形で表せるのは，2つのグループの分散-共分散行列 S_1, S_2 が等しい場合である．もし S_1 と S_2 が等しければ，

$$\chi_0^2 \leq \chi^2\{q(q+1)/2,\ a\}^{\dagger} \tag{5-2}$$

が成り立つ．ただし，a は**有意水準**である．もし，S_1 と S_2 が等しくなければ，判別関数は2次式になる．

本章では，判別関数が線形である場合だけを扱うが，これは，マハラノビスの距離と同様に各グループの平均値，そして両グループを合わせたデータによる分散-共分散行列を使って計算することができる．

このようにして得られた線形判別関数の値 Y をもとにして判別するものであるが，その判別ルールは，

$$\left.\begin{array}{l} Y \geq 0 \quad \text{ならば} \quad \text{グループ1に判別} \\ Y < 0 \quad \text{ならば} \quad \text{グループ2に判別} \end{array}\right\} \tag{5-3}$$

---

† **χ^2 分布（カイ2乗分布）**

$X_1, X_2, \cdots, X_n$ が正規母集団 $N(0,1)$ から抽出した標本とするとき，統計量 $\chi^2 = X_1^2 + X_2^2 + \cdots + X_n^2$ は，次の確率密度関数をもつ確率分布に従うことが知られている．

$$f(\chi^2) = \begin{cases} \dfrac{1}{2^{\frac{n}{2}}\Gamma\left(\dfrac{n}{2}\right)}(\chi^2)^{\frac{n}{2}-1}e^{-\frac{1}{2}\chi^2} & \cdots\cdots (\chi^2 \geq 0) \\ 0 & \cdots\cdots (\chi^2 < 0) \end{cases}$$

$\left(\text{ただし } \Gamma(s) = \displaystyle\int_0^{\infty} x^{s-1}e^{-x}dx \text{ は}\textbf{ガンマ分布}\right)$

この分布を自由度 n の χ^2 分布（カイ2乗分布）という．

となる．

この判別ルールで判別した結果，グループ 1 であるのにグループ 2 と間違って判別される数が l_1，反対にグループ 2 であるのにグループ 1 と間違って判別される数が l_2 ならば，2 つのグループのそれぞれの適中率は，

$$\left.\begin{array}{l} P_1 = \dfrac{m_1 - l_1}{m_1} \\[2mm] P_2 = \dfrac{m_2 - l_2}{m_2} \end{array}\right\} \tag{5-4}$$

となる．

また，データの正規性を仮定した**誤判別率** P は，**標準正規分布**の**累積分布関数**を使って，

$$P = P_r \left\{ v > \dfrac{D}{2} \right\} \tag{5-5}$$

と表される．ただし，v は標準正規分布に従う変量であり，D はマハラノビスの距離である．

最後に，各変量が判別に寄与しているかどうかの検定を行う．すなわち，線形判別関数の各係数がゼロであるかどうかの検定である．これは，ある変量に対する係数がゼロであると仮定したときの F_0[†] の値を計算し，その値が

[†] F 分布

確率変数 χ_1^2, χ_2^2 が互いに独立で，それぞれ自由度 n_1, n_2 の χ^2 分布に従うとき，確率変数

$$F = \dfrac{\chi_1^2}{n_1} \Big/ \dfrac{\chi_2^2}{n_2}$$

は，次の確率密度関数をもつ確率分布に従うことが知られている．

$$f(F) = \left\{ \begin{array}{ll} \dfrac{n_1^{n_1/2} n_2^{n_2/2} \Gamma\left(\dfrac{n_1+n_2}{2}\right)}{\Gamma\left(\dfrac{n_1}{2}\right) \Gamma\left(\dfrac{n_2}{2}\right)} \dfrac{F^{\frac{n_1}{2}-1}}{(n_1 F + n_2)^{(n_1+n_2)/2}} & \cdots\cdots (F \geq 0) \\[4mm] 0 \quad \cdots\cdots\cdots\cdots\cdots\cdots\cdots\cdots\cdots\cdots\cdots\cdots\cdots\cdots\cdots\cdots\cdots\cdots\cdots\cdots\cdots & (F < 0) \end{array}\right.$$

この確率分布を自由度 (n_1, n_2) の F 分布という．

$F^1_{m_1+m_2-q-1}(a)$ より大きければ，有意水準 a で仮定を棄却する．このようにして，各変量の判別に対する寄与を調べるのである．

5.2　判別分析法の適用例：その1（学校の身体測定）

　ここでは，判別分析の例として，学校における身体測定のデータより最上級生と最下級生の判別について具体的に適用してみることにする．適用例は，神戸市立高専の土木科の5年生（20歳）10人と1年生（16歳）10人のデータによる判別である．また，これらはそれぞれのグループ（グループ1が5年生，グループ2が1年生）からのランダムサンプルである．また，身体測定の種類は，身長，体重，胸囲，座高の4つとする．

　これらのグループ別の身体測定のデータは**表5.2**に示すとおりである．これらのデータよりグループ1，グループ2，さらに両グループを合わせた全体のそれぞれについて，各変量における平均値と分散，標準偏差ならびに各変量間の分散-共分散行列を示すと，それぞれ**表5.3**，**表5.4**，**表5.5**となる．

　このような諸量を計算したあとにまず行うことは，2つのグループの分散-共分散行列が等しいかどうかの検定である．5.1節で説明したとおり，2つの

表5.2　2つのグループにおける変量

グループ1（1年生）

No.	身長(cm)	体重(kg)	胸囲(cm)	座高(cm)
1	178.0	56.0	80.0	93.3
2	169.8	52.0	87.5	88.0
3	165.1	56.0	82.5	87.5
4	159.4	44.0	73.0	85.2
5	163.0	54.0	83.0	88.5
6	160.1	51.5	80.0	86.6
7	178.4	60.5	83.0	91.7
8	177.5	62.0	85.0	92.4
9	172.4	64.5	87.0	92.4
10	172.1	65.0	85.0	91.7

グループ2（5年生）

No.	身長(cm)	体重(kg)	胸囲(cm)	座高(cm)
1	180.0	78.0	97.0	98.5
2	171.2	58.0	84.5	91.5
3	173.0	67.0	92.8	91.9
4	179.0	78.0	98.0	94.8
5	170.3	55.0	85.6	88.5
6	174.0	65.0	89.0	93.5
7	174.3	71.0	88.5	91.5
8	168.7	59.0	86.6	93.0
9	171.2	72.5	97.0	92.2
10	170.6	56.0	85.0	91.0

表5.3 グループ1の諸変量

グループ1

	平均値	分散	標準偏差
身 長	169.58	53.63	7.32
体 重	56.55	43.41	6.59
胸 囲	82.6	17.88	4.23
座 高	89.73	8.29	2.88

グループ1の分散-共分散行列

	身 長	体 重	胸 囲	座 高
身 長	53.63	34.55	15.60	19.40
体 重	34.55	43.41	20.19	15.90
胸 囲	15.60	20.19	17.88	6.36
座 高	19.40	15.90	6.36	8.28

表5.4 グループ2の諸変量

グループ2

	平均値	分散	標準偏差
身 長	173.23	13.91	3.73
体 重	65.95	76.80	8.76
胸 囲	90.40	28.63	5.35
座 高	92.64	7.01	2.65

グループ2の分散-共分散行列

	身 長	体 重	胸 囲	座 高
身 長	13.91	27.57	14.33	7.75
体 重	27.57	76.80	43.13	17.18
胸 囲	14.33	43.13	28.63	9.50
座 高	7.75	17.18	9.50	7.00

表5.5 全体の諸変量

全体

	平均値	分散	標準偏差
身 長	171.41	33.76	5.81
体 重	61.25	60.06	7.75
胸 囲	86.50	23.23	4.82
座 高	91.19	7.62	2.76

全体の分散-共分散行列

	身 長	体 重	胸 囲	座 高
身 長	33.77	31.06	14.96	13.57
体 重	31.06	60.11	31.66	16.54
胸 囲	14.96	31.66	23.25	7.93
座 高	13.57	16.54	7.93	7.64

グループの分散-共分散行列が等しいときは，線形判別関数により判別を行い，一方，2つのグループの分散-共分散行列が等しくないときには2次の判別関数により判別を行う．

この両グループの分散-共分散行列が等しいかどうかは，(5-2) 式

$$\chi_0^2 < \chi^2\{q(q+1)/2,\ a\}$$

を満足するかどうかによって検定する．上式を満足すればこの2つのグループ

の分散-共分散行列は等しいといえる．この場合，

$$\chi_0^2 = 13.11$$

となる．一方，q（説明変数）は 4 であり，有意水準 5% で検定するので $a = 0.05$ である．ゆえに，

$$\chi^2(10,\ 0.05) = 18.307$$

となり，検定の式を満足することになる．したがって，線形判別関数により判別を行う．

そこで，両グループの平均ベクトルと全体の分散-共分散行列を計算することにより，線形判別関数は，

$$Y = 0.175x_1 + 0.132x_2 - 0.456x_3 - 0.505x_4 + 47.349$$

となる．この式により，表 5.2 の各データの Y 値を計算した結果と判別の真偽を示したものが**表 5.6** である．その結果，グループ 1 であるのにグループ 2 と間違って判別される数が 2，一方，グループ 2 であるのにグループ 1 と間違って判別される数が 3 である．すなわち，グループ 1 の適中率は，

表 5.6　グループ 1, 2 の判定結果

グループ 1			グループ 2		
No.	Y の値	判定	No.	Y の値	判定
1	2.359	○	1	−4.762	○
2	−0.351	×	2	0.287	×
3	1.886	○	3	−2.194	○
4	4.794	○	4	−3.524	○
5	0.519	○	5	0.747	×
6	2.008	○	6	−1.359	○
7	2.464	○	7	0.726	×
8	1.239	○	8	−1.735	○
9	−0.238	×	9	−3.850	○
10	1.042	○	10	−0.058	○

第5章 判別分析法

$$P_1 = 0.8$$

であり，グループ2の適中率は

$$P_2 = 0.7$$

である．

また，2つのグループの平均値間のマハラノビスの平方距離を，これらのデータから求めたのが D^2 である．この D^2 の推定値は，

$$D^2 = 3.144$$

となる．すなわち $D=1.773$ となり，正規分布を仮定した誤判別率 P は，標準正規分布の累積分布関数を使って，

$$P = P_r \left\{ v > \frac{D}{2} = 0.887 \right\} \quad (v \text{ は標準正規分布に従う変量})$$
$$= 0.188 (18.8\%)$$

と推定される．

最後に，線形判別関数の係数の検定を行う．そのためには，4変量と3変量（どれか1つの変量を除く）に基づいた両グループの平均値間のマハラノビスの平方距離が必要となる．これらの値はそれぞれ次のようである．

$$D^2 = 3.144$$
$$D_1^2 = 2.850$$
$$D_2^2 = 2.965$$
$$D_3^2 = 1.818$$
$$D_4^2 = 2.725$$

ただし D_j^2 $(j=1, \cdots, 4)$ は j 番目の変量を除くことを表している．

以上の結果より各係数 $(j=1, \cdots, 4)$ の F_0^j を計算すると次のようになる．

$F_0^1 = 0.683$

$F_0^2 = 0.409$

$F_0^3 = 3.672$

$F_0^4 = 0.995$

これらの値と，自由度 $n_1 = 1$, $n_2 = 15$ の有意水準 5% の F 分布，

$F_{15}^1(0.05) = 4.54$

と比較すると，どの係数（変量）も単独ではあまり寄与していないが，その中で胸囲の要素は最も寄与しうる可能性があるといえる．

5.3 判別分析法の適用例：その2（打者の成績）

次に，判別分析法の2つ目の例として，プロ野球の打者の成績に具体的に適用してみることにする．適用例は，2008年度プロ野球パ・リーグ打撃20傑におけるOERA値上位10人（グループ1）とOERA値下位10人（グループ2）のデータによる判別である．データの種類は，打率，本塁打，四死球の3項目

表5.7 グループ1, 2の諸データ

グループ1

	打率	本塁打	四死球
① 内川聖一	0.378	14	80
② 青木宣親	0.347	14	89
③ 栗原健太	0.332	23	110
④ 村田修一	0.323	46	168
⑤ 森野将彦	0.321	19	106
⑥ 福地寿樹	0.32	9	119
⑦ ラミレス	0.319	45	129
⑧ 赤星憲広	0.317	0	160
⑨ 小笠原道大	0.31	36	161
⑩ 金本知憲	0.307	27	176

グループ2

	打率	本塁打	四死球
① 新井貴浩	0.306	8	118
② 和田一浩	0.302	16	105
③ 関本賢太郎	0.298	8	89
④ 飯原誉士	0.291	9	89
⑤ 鳥谷 敬	0.281	13	153
⑥ 畠山和洋	0.279	9	137
⑦ ウッズ	0.276	35	216
⑧ 中村紀洋	0.274	24	169
⑨ 阿部慎之助	0.271	24	110
⑩ 吉村裕基	0.26	34	165

とする．

　これらグループ別の打者のデータは，**表5.7**に示すとおりである．これらのデータより，グループ1，グループ2，さらに両グループを合わせた全体のそれぞれについて，各変量における平均値と分散，標準偏差ならびに各変量間の分散-共分散を示すと，それぞれ**表5.8**，**表5.9**，**表5.10**となる．

表5.8　グループ1の諸変量

グループ1

	平均値	分散	標準偏差
打率	0.327	0.001	0.021
本塁打	23.3	233.345	15.276
四死球	129.8	1188.844	34.480

グループ1の分散-共分散行列

	打率	本塁打	四死球
打率	0.0	−0.095	−0.571
本塁打	−0.095	233.344	202.067
四死球	−0.571	202.067	1188.844

表5.9　グループ2の諸変量

グループ2

	平均値	分散	標準偏差
打率	0.284	0.0002	0.0149
本塁打	18.0	112.0	10.583
四死球	135.1	40.812	40.812

グループ2の分散-共分散行列

	打率	本塁打	四死球
打率	0.0	−0.117	−0.370
本塁打	−0.117	112.0	323.0
四死球	−0.370	323.0	1665.66

表5.10　全体の諸変量

全体

	平均値	分散	標準偏差
打率	0.306	0.0003	0.0182
本塁打	20.65	172.672	13.141
四死球	132.45	1427.25	37.779

全体の分散-共分散行列

	打率	本塁打	四死球
打率	0.0	−0.106	−0.47
本塁打	−0.106	172.672	262.53
四死球	−0.47	262.53	1427.25

　このような諸量を計算した後にまず行うことは，2つのグループの分散-共分散行列が等しいかどうかの検定である．5.2節の適用例その1でも説明したとおり，2つのグループの分散-共分散行列が等しいときは，線形判別関数によって判別を行う．一方，2つのグループの分散-共分散行列が等しくないときには，2次の判別関数により判別を行うのである．この両グループの分散-

5.3 判別分析法の適用例：その2（打者の成績）

共分散行列が等しいかどうかの検定を行うことは，(5-2) 式

$$\chi_0^2 < \chi^2\{q(q+1)/2,\ a\}$$

を満足するかどうかの問題である．上式を満足すれば，この2つのグループの分散-共分散行列は等しいといえる．この場合，

$$\chi_0^2 = 8.0938$$

となる．一方，q（説明変数）は3であり，有意水準5%で検定するから，$a = 0.05$ である．ゆえに，

$$\chi^2(6,\ 0.05) = 12.59$$

となり，検定の式を満足することになる．したがって，線形判別関数により判別を行う．

そこで，両グループの平均ベクトルと全体の分散-共分散行列を計算することにより，線形判別関数は，

$$Y = 246.662x_1 + 0.0898x_2 + 0.0611x_3 - 85.321$$

となる．この式により，表5.7の各データの Y 値を計算した結果と判別の真偽を示したのが**表5.11**である．その結果，グループ1であるのにグループ2と間違って判別される数が0，一方，グループ2であるのにグループ1と間違って判別される数は0である．すなわち，グループ1の適中率は，

$$P_1 = 1.0$$

であり，グループ2の適中率は，

$$P_2 = 1.0$$

である．

また，2つのグループの平均値間のマハラノビスの平方距離を，これらのデータから求めたのが D^2 である．この D^2 の推定値は，

表5.11 グループ1, 2の判定結果

グループ1				グループ2		
	Y の値	判定			Y の値	判定
① 内 川 聖 一	14.098	○		① 新 井 貴 浩	-1.882	○
② 青 木 宣 親	7.000	○		② 和 田 一 浩	-2.944	○
③ 栗 原 健 太	5.391	○		③ 関 本 賢 太 郎	-5.627	○
④ 村 田 修 一	8.780	○		④ 飯 原 誉 士	-7.264	○
⑤ 森 野 将 彦	2.074	○		⑤ 鳥 谷 敬	-5.462	○
⑥ 福 地 寿 樹	1.723	○		⑥ 畠 山 和 洋	-7.292	○
⑦ ラ ミ レ ス	5.320	○		⑦ ウ ッ ズ	-0.870	○
⑧ 赤 星 憲 広	2.680	○		⑧ 中 村 紀 洋	-5.223	○
⑨ 小 笠 原 道 大	4.247	○		⑨ 阿 部 慎 之 助	-9.568	○
⑩ 金 本 知 憲	3.615	○		⑩ 吉 村 裕 基	-8.023	○

$$D^2 = 10.907$$

となる.つまり $D=3.303$ となり,正規分布を仮定した誤判別率 P は,標準正規分布の累積分布関数を使って,

$$P = P_r\left\{v > \frac{D}{2} = 1.651\right\} \quad (v は標準正規分布に従う変量)$$

$$= 0.138 (13.8\%) と推定される.$$

最後に,線形判別関数の係数の検定を行う.そのためには,3変量と2変量（どれか1つの変量を除く）に基づいた両グループの平均値間のマハラノビスの平方距離が必要となる.これらの値はそれぞれ次のようになる.

$$D^2 = 10.907$$
$$D_1^2 = 0.336$$
$$D_2^2 = 9.922$$
$$D_3^2 = 8.407$$

ただし,D_j^2($j=1, 2, 3$) は,j 番目の変量を除くことを表している.

5.3 判別分析法の適用例：その2（打者の成績）

以上の結果より各係数（$j=1, 2, 3$）の F_0^j を計算すると次のようになる．

$F_0^1 = 42.967$
$F_0^2 = 1.165$
$F_0^3 = 3.331$

これらの値と，自由度 $n_1=1$, $n_2=16$ の有意水準 5% の F 分布，

$F_{16}^1(0.05) = 4.49$

とを比較する．この結果，1番目の変量（打率）が判別に寄与していることがわかる．

第6章 数量化理論2類

　数量化理論2類とは，質的な要因に基づいて質的に与えられた外的基準を説明するための手法である．

> **本章を学ぶ3つのポイント**
> ① 数量化理論2類は，判別分析法において説明変数が質的データで与えられている場合に相当していることを理解すること．
> ② 数量化理論2類における各アイテムといくつかのカテゴリーという概念を理解すること．
> ③ 数量化理論2類においては，特に全分散，群間分散，群内分散という概念を理解すること．

6.1 数量化理論2類とは

　第4章で取り上げた数量化理論1類は，質的要因に基づいて，量的に与えられた外的基準を説明するための手法であった．一方，本章で述べる**数量化理論2類**とは，質的な要因に基づいて，質的に与えられた外的基準を説明するための手法である．各要因が量的なデータなら，第5章で説明した判別分析が適用できる状況にある．すなわち，数量化理論2類とは，判別分析の質的データへの拡張ということができる．

　さて，第4章の数量化理論1類の説明のときに用いた出版社の編集部の例を考えてみることにする．このときの要因アイテムは，作家・企画内容・カバーデザイン等々の質的データであった．この質的データをもとにして，本の売り上げ高という量を予測しようとした．

第6章 数量化理論2類

ところが本章では，この本の売り上げ高という外的基準が質的なデータである（たとえば，ベストセラー，まあまあの売り上げ：「ミドルセラー」とする，あまり売れないの3つのグループで与えられる）場合を扱うのである．

つまり，数量化理論2類とは，この例でいえば，過去の出版物がなぜあるひとつのグループ（ベストセラー，ミドルセラー，あまり売れない）の中に属したかその要因を見つけたいとき，さらに，新しい出版企画がどのグループに属するか判定したり，予測したりするときに便利な方法である．そのためには，各アイテム（作家・企画内容・カバーデザイン等々）のカテゴリーに数値を与えることができ，その数値から各グループへの分類に各変量がどのくらい寄与しているかがわかればよいのである．

そこで，このような分析をするため，過去の出版物の売り上げ実績を N 個集めてくる．ただし，この外的基準は量的なデータではなく質的データである．この場合は3つのグループ，1（ベストセラー），2（ミドルセラー），3（あまり売れない）に分かれる．さて，このようにして，まず過去の出版物を外的基準の3個のグループに分け，それぞれ第1群，第2群，第3群とする．一般的には，このグループがいくつあってもかまわない．そして，各々の本の売り上げ高に影響を与えていると思われるアイテム（作家・企画内容・カバーデザイン等）を m 個とりあげ，さらにアイテム i に n_i のカテゴリー（たとえば企画内容のアイテムならその種類）を設ける．このようにすれば，過去の出版物は，それぞれのアイテムについてどのカテゴリーに相当するかが明らかになる．これをたとえば**表6.1**のように示す．

このように，第 k 群（この場合 $k=3$）の s 番目の個体が各アイテムにおいてどのカテゴリーに反応するかを示すため次の変数を定義する．

$$\delta_{ij}^{ks} = \begin{cases} 1 \cdots\cdots（第 k 群の s 番目の個体がアイテム i の \\ \qquad カテゴリー j に反応するとき） \\ \\ 0 \cdots\cdots（その他のとき） \end{cases} \quad (6\text{-}1)$$

このようにして，分析対象となるアイテム・カテゴリーデータが得られることになる．次に各個体（出版物）の数量を，その個体が反応したカテゴリーの

表6.1 数量化理論2類のデータシート

外的基準	本のナンバー(個体)	アイテム1			アイテム2			……	アイテムm		
		1	2 …	n_1	1	2 …	n_2	……	1	2 …	n_m
1 (ベストセラー)	1 2 ⋮ s_1	∨ 	 ∨ ∨	 	 ∨	∨ ∨ 	 	…… 	∨ ∨	 	
2 (ミドルセラー)	1 2 ⋮ s_2	∨ ∨ ∨	 	 	 	∨ ∨ ∨	 	…… 	 	∨ ∨ ∨	
3 (あまり売れない)	1 2 ⋮ s_3	 ∨ 	∨ 	 	∨ ∨	 	 	…… 	 ∨	∨ ∨ 	

数量の線形和として求める．すなわち，第 k 群の s 番目の個体の数量は次のように表せる．

$$Y_{ks} = \sum_{i=1}^{m} \sum_{j=1}^{n_i} a_{ij} \delta_{ij}^{ks} \tag{6-2}$$

上式の係数 a_{ij} は，アイテム・カテゴリーに与える数量と考えることができる．次にこの Y_{ks} の数量が同じグループ（群）の個体間では近い値になり，異なるグループの個体間では離れた値になるようにカテゴリー数量 a_{ij} を決めるのである．このことは，**相関比**という概念を用いて，この値を最大にするカテゴリー数量を求めることに相当する．ここで，相関比について少し説明を加えておく．先ほどの各個体の数量 Y_{ks} の**全分散** S_T^2 は，**群間分散** S_B^2 と**群内分散** S_W^2 †の和で表現できる．すなわち，

$$S_T^2 = S_B^2 + S_W^2 \tag{6-3}$$

この両辺を全分散 S_T^2 でわると，

$$1 = \frac{S_B^2}{S_T^2} + \frac{S_W^2}{S_T^2} \tag{6-4}$$

となる．相関比は上式の右辺第一項をいい，η^2 で表す．すなわち η^2 は 0 と 1 の間の値をとり，1 に近いほど k 個のグループがはっきり分かれていることを表している．なぜなら，η^2 の値が 1 に近いほど群間分散 S_W^2 の値が 0 に近づくからである．

また，外的基準（本の売り上げ高）にどのアイテムが影響をおよぼしているかは，各々のアイテム内のカテゴリー数量の範囲（レンジ）でわかる．さらに，同じアイテム内の各カテゴリーの外的基準への影響の大きさはカテゴリー数量の値でわかる．また，回帰分析法と同じように，各アイテム i と外的基準との間の偏相関係数も求めることができる．最後に，結果の精度は，先ほど説明した相関比，あるいはその平方根で表される重相関係数で検討される．

6.2 数量化理論 2 類の適用例：その 1（学校の成績）

ここでは，数量化理論 2 類の例として，学校の成績の分析について具体的に適用してみることにする．適用例は，ある土木系の学校での専門科目，数学・応用物理・構造力学・水理学の成績についてである．4.2 節の例と生データは同じである．ただしここでは，外的基準である数学の成績も質的（優 1，良 2，可 3）に与えられている．4.2 節の例と同じく優は 80 点〜100 点で，良は 60

---

† **群間分散，群内分散**

「もし 1 つの観測が質的なものであり，もう 1 つの観測が量的なものであれば，対象は第 1 の基準によって分類されるとともに，それについて 1 つの実数値が観測される．x_{ij} を第 i 類における j 番目の対象の観測値としよう．そうするとそれぞれの i について x_{ij} の値の頻度分布が得られ，それらの分布を比較することが問題になる．N_i を第 i 類に分類される対象の数，$\sum N_i = N$ とすると各類ごとの平均は $\sum_j x_{ij}/N_i$，全体の平均は $\sum \sum x_{ij}/N$ となる．

また，各類ごとの分散の加重平均 $\sum \sum (x_{ij} - \bar{x}_i)^2/N$ を群内分散（within-group variance），類の平均値の加重分散 $\sum N_i (\bar{x}_i - \bar{x})^2/N$ を群間分散（between-group variance）という．」
（岩波書店『岩波数学辞典』より引用）

表6.2 数量化理論2類のデータ(学校の成績)

No.	数 学 (外的基準)	応用物理 (アイテム1)	構造力学 (アイテム2)	水 理 学 (アイテム3)
1	1	2	1	1
2	3	2	2	3
3	2	2	1	3
4	2	1	2	1
5	2	3	1	3
6	1	3	1	1
7	1	2	1	2
8	3	3	3	3
9	3	3	3	3
10	1	2	1	1
11	3	3	3	3
12	1	1	1	1
13	1	1	1	1
14	3	2	1	2
15	1	1	1	1
16	1	1	1	1
17	1	1	1	1
18	1	1	1	1
19	1	1	1	1
20	1	1	1	1
21	1	1	1	1
22	1	2	3	1
23	2	3	2	3
24	2	2	2	3
25	1	2	3	3
26	3	3	2	3
27	3	2	2	3
28	1	1	2	1

点～79点，可は60点未満とする．

アイテム1～3は，それぞれ応用物理の成績，構造力学の成績，水理学の成績であり，さらにアイテムごとにカテゴリー1（優），カテゴリー2（良），カテゴリー3（可）とする．そのデータは，**表6.2**に示すとおりである．

さて，このデータについて，数量化理論2類を用いて分析する．まず，表6.2の結果を外的基準ごとに集計すれば，**表6.3**のグループ別集計になる．さらに，あるアイテム・カテゴリーとあるアイテム・カテゴリーとの両方に反応した個体数を示すと，**表6.4**のようになる．この表はクロス集計した結果を示したもので，クロス集計表となる．

表6.3 グループ別集計

外的基準	アイテム1			アイテム2			アイテム3		
	1	2	3	1	2	3	1	2	3
カテゴリー1	16	10	5	1	13	1	2	14	1	1
カテゴリー2	5	1	2	2	2	3	0	1	0	4
カテゴリー3	7	0	3	4	1	3	3	0	1	6

表6.4 クロス集計表

		アイテム1			アイテム2			アイテム3		
		1	2	3	1	2	3	1	2	3
アイテム1	1	11	0	0	9	2	0	11	0	0
	2	0	10	0	5	3	2	3	2	5
	3	0	0	7	2	2	3	1	0	6
アイテム2	1	9	5	2	16	0	0	12	2	2
	2	2	3	2	0	7	0	2	0	5
	3	0	2	3	0	0	5	1	0	4
アイテム3	1	11	3	1	12	2	1	15	0	0
	2	0	2	0	2	0	0	0	2	0
	3	0	5	6	2	5	4	0	0	11

これら，グループ別集計あるいはクロス集計表より計算した結果，外的基準の基準化されたグループ（カテゴリー）数量，相関比ならびに，各アイテムの基準化されたカテゴリー数量，その範囲，外的基準との偏相関係数はそれぞれ**表6.5**に示すとおりである．また，各アイテムの基準化されたカテゴリー数量および範囲（レンジ）を図示すると，それぞれ**図6.1**，**図6.2**に示すとおりとなる．また，相関比 $\eta^2 = 0.746$ より，重相関係数 $R = 0.864$ となる．

以上の結果より次のことがわかる．

（i）結果の精度を表すものとして重相関係数 R が考えられる．この例の場

表 6.5 カテゴリー数量，範囲，偏相関係数

アイテム	カテゴリー	頻度	カテゴリー数量	範囲	偏相関係数
応用物理 (1)	1(優)	11	−0.022	0.557	0.336
	2(良)	0	−0.215		
	3(可)	7	0.342		
構造力学 (2)	1(優)	16	−0.171	0.776	0.463
	2(良)	7	0.552		
	3(可)	5	−0.224		
水理学 (3)	1(優)	15	−0.740	1.638	0.787
	2(良)	2	0.608		
	3(可)	11	0.898		
外的基準 (数学)	1(優)	16	−0.746	相関比 0.746	
	2(良)	5	0.880		
	3(可)	7	1.076		

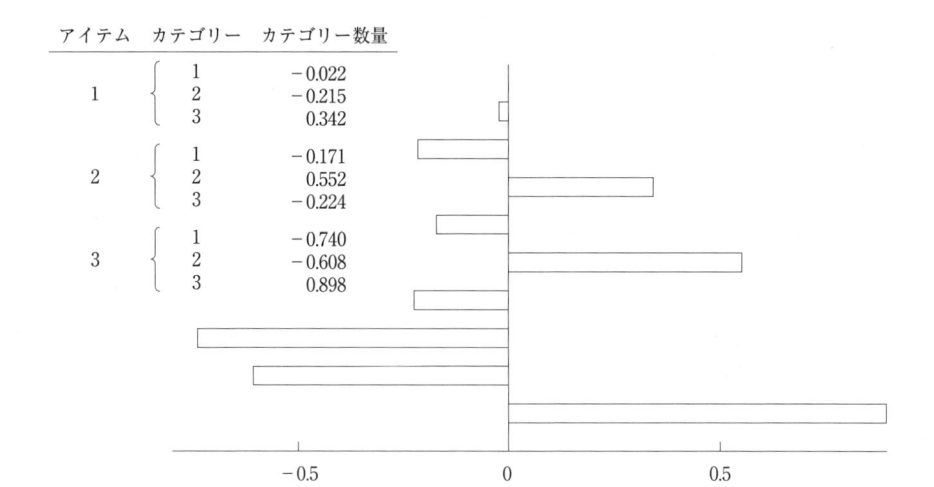

図 6.1 カテゴリー数量の可視化

合 $R=0.864$ であり，精度は良好といえる．

(ii) (i)は結局，外的基準のグループ間の分かれの程度または判別のよさを意味している．この指標は相関比 η^2 で表される．この例の場合 $\eta^2=0.746$

第6章 数量化理論2類

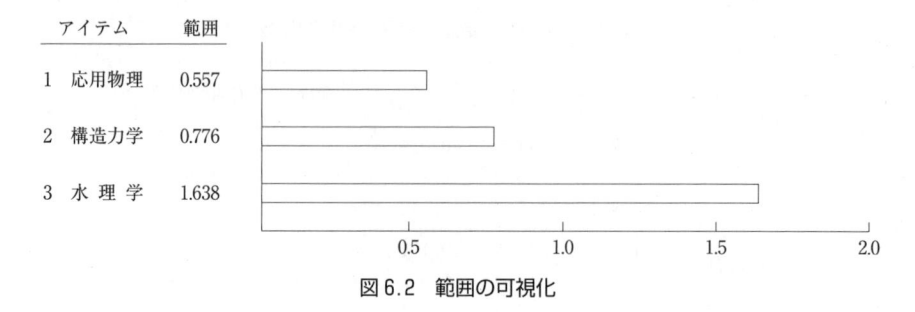

アイテム	範囲
1 応用物理	0.557
2 構造力学	0.776
3 水理学	1.638

図6.2 範囲の可視化

であり，判別のよさは良好といえる．
(iii) 外的基準のグループ（カテゴリー）数量は優＜良＜可の順になっている．このため，カテゴリー数量が小さいカテゴリーほど，数学の成績を高くすることに貢献していることがわかる．
(iv) 各アイテムの基準化されたカテゴリー数量の範囲より，外的基準への影響の度合は，水理学，構造力学，応用物理の順となる（図6.2参照）．
(v) 外的基準（数学の成績）と各アイテムの純粋な相関は偏相関係数でわかる．偏相関の高いアイテムの順序は，水理学，構造力学，応用物理である．
(vi) 各アイテムの基準化されたカテゴリー数量の値より，応用物理では良，優，可の順で，また構造力学では可，優，良の順で，さらに水理学では，優，良，可の順で，外的基準（数学の成績）を高くしていることがわかる（図6.1参照）．

さて，このような数量化理論2類で計算した結果，各個体（サンプル）の数量は，表6.6に示したとおりである．この結果より外的基準である数学の成績は，各個体の数量がおよそ0.12以下のときは優であると予測できる．一方，良および可のときの個体の数量の分布は，やや良の方が値が小さいが，オーバーラップしている部分が多い．

6.3 数量化理論2類の適用例：その2（打者の成績）

数量化理論2類の2つ目の例として，プロ野球の打撃成績の分析について具

6.3 数量化理論2類の適用例：その2（打者の成績）

表6.6 数量化理論2類の個体数量と外的基準

No.	各個体の数量	外的基準
1	−1.126	1
2	1.235	3
3	0.512	2
4	−0.210	2
5	1.069	2
6	−0.569	1
7	0.222	1
8	1.017	3
9	1.017	3
10	−1.126	1
11	1.017	3
12	−0.934	1
13	−0.934	1
14	0.222	3
15	−0.934	1
16	−0.934	1
17	−0.934	1
18	−0.934	1
19	−0.934	1
20	−0.934	1
21	−0.934	1
22	−1.179	1
23	1.792	2
24	1.235	2
25	0.460	1
26	1.792	3
27	1.235	3
28	−0.210	1

第 6 章 数量化理論 2 類

体的に適用してみることにする．適用例は，4.3 節で扱った 2008 年度プロ野球セ・リーグ打撃部門 15 位までの選手の成績である．ただし，ここでは外的基準である OERA 値も質的（優 1, 良 2, 可 3）に与えられている（**表 6.7**）．

表 6.7 数量化理論 2 類のデータ（打者の成績）

	OERA (外的基準)	打率 (アイテム 1)	本塁打 (アイテム 2)	四死球 (アイテム 3)
① 内 川 聖 一	1	1	3	3
② 青 木 宣 親	1	1	3	2
③ 栗 原 健 太	2	1	2	2
④ 村 田 修 一	1	1	1	1
⑤ 森 野 将 彦	1	1	2	2
⑥ 福 地 寿 樹	2	2	3	3
⑦ ラ ミ レ ス	1	2	1	2
⑧ 赤 星 憲 広	3	2	1	1
⑨ 東 出 輝 裕	3	2	1	3
⑩ 小笠原道大	1	2	1	1
⑪ 宮 本 慎 也	3	3	3	3
⑫ 金 本 知 憲	1	3	2	1
⑬ 新 井 貴 浩	2	3	3	2
⑭ ア レ ッ ク ス	3	3	2	3
⑮ 和 田 一 浩	2	3	2	3

アイテム 1〜3 は，それぞれ，打率，本塁打，四死球の成績であり，さらにアイテムごとにカテゴリー 1（優），カテゴリー 2（良），カテゴリー 3（可）とする．

次に，このデータについて数量化理論 2 類を用いて分析する．まず，表 6.7 の結果を外的基準ごとに集計すれば，**表 6.8** のグループ別集計になる．さらに，あるアイテム・カテゴリーとあるアイテム・カテゴリーとの両方に反応した個体数を示すと，**表 6.9** のようになる．この表はクロス集計した結果を示したもので，クロス集計表となる．

表6.8 グループ別集計

外的基準		アイテム1			アイテム2			アイテム3		
		1	2	3	1	2	3	1	2	3
カテゴリー1	7	4	2	1	3	2	2	3	3	1
カテゴリー2	4	1	1	2	0	2	2	0	2	2
カテゴリー3	4	0	2	2	2	1	1	1	0	3

表6.9 クロス集計表

		アイテム1			アイテム2			アイテム3		
		1	2	3	1	2	3	1	2	3
アイテム1	1	5	0	0	1	2	2	1	3	1
	2	0	5	0	4	0	1	2	1	2
	3	0	0	5	0	3	2	1	1	3
アイテム2	1	1	4	0	5	0	0	3	1	1
	2	2	0	3	0	5	0	1	2	2
	3	2	1	2	0	0	5	0	2	3
アイテム3	1	1	2	1	3	1	0	4	0	0
	2	3	1	1	1	2	2	0	5	0
	3	1	2	3	1	2	3	0	0	6

これら，グループ別集計あるいはクロス集計表より計算した結果，外的基準の基準化されたグループ（カテゴリー）数量，相関比，ならびに各アイテムの基準化されたカテゴリー数量，その範囲，外的基準との偏相関係数はそれぞれ**表6.10**に示すとおりである．また，各アイテムの基準化されたカテゴリー数量，および範囲（レンジ）を図示すると，それぞれ図6.3，図6.4に示すとおりとなる．また，相関比 $\eta^2 = 0.444$ より重相関係数 $R = 0.666$ となる．

以上の結果より次のことがわかる．

(i) 結果の精度を表す指標として，重相関係数 R が考えられる．この例の場合，$R = 0.666$ であり，精度は良好といえる．

(ii) (i)は結局，外的基準のグループ間の分かれの程度または判別のよさを意味している．この指標は相関比 η^2 で表される．この例の場合 $\eta^2 = 0.444$ であり，判別のよさは良好といえる．

(iii) 外的基準のグループ（カテゴリー）数量は優＜良＜可の順になっている．よって，カテゴリー数量が小さいカテゴリーほどOERA値を高くすることに貢献していることがわかる．

(iv) 各アイテムの基準化されたカテゴリー数量の範囲より，外的基準（OERA値）への影響の度合は，四死球，打率，本塁打の順となる（図

第6章 数量化理論2類

表6.10 カテゴリー基準, 範囲, 偏相関係数

アイテム	カテゴリー	頻度	カテゴリー基準	範囲	偏相関係数
打率 (1)	1(優)	5	0.837	1.486	0.473
	2(良)	5	0.189		
	3(可)	5	0.648		
本塁打 (2)	1(優)	5	0.369	0.685	0.215
	2(良)	5	−0.054		
	3(可)	5	−0.315		
四死球 (3)	1(優)	4	−0.931	1.762	0.485
	2(良)	5	−0.253		
	3(可)	6	0.832		
外的基準 (OERA)	1(優)	7	−0.668	相関比 0.444	
	2(良)	4	0.266		
	3(可)	4	0.902		

アイテム	カテゴリー	カテゴリー数量
1	1	0.837
	2	0.189
	3	0.648
2	1	0.369
	2	−0.054
	3	−0.315
3	1	−0.931
	2	−0.253
	3	0.832

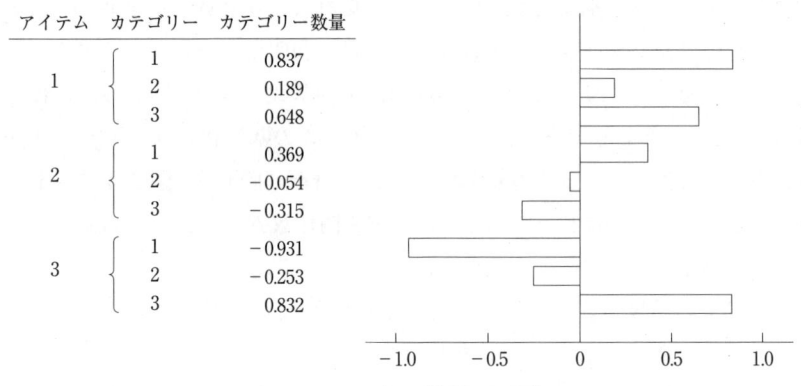

図6.3 カテゴリー数量の可視化

6.4参照).

(v) 外的基準 (OERA値) と各アイテムの純粋な相関は, 偏相関係数でわかる. 偏相関係数の高いアイテムの順序は, (iv)と同じく四死球, 打率, 本塁打である.

(vi) 各アイテムの基準化されたカテゴリー数量の値より, 打率では良, 可, 優の順で, 本塁打は可, 良, 優の順で, 四死球は優, 良, 可の順で外的

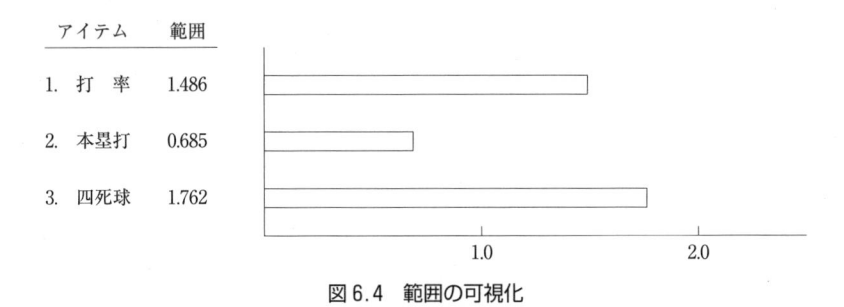

6.3 数量化理論2類の適用例：その2（打者の成績）

アイテム	範囲
1. 打率	1.486
2. 本塁打	0.685
3. 四死球	1.762

図 6.4 範囲の可視化

　基準（OERA値）を高くしていることがわかる（図6.3参照）．
　このような数量化理論2類で計算した結果，各個体（サンプル）の数量は**表 6.11**に示すとおりである．

表 6.11 数量化理論2類における個体の数量

	各個体の数量
①内川聖一	$-0.3206(1)$
②青木宣親	$-1.4058(1)$
③栗原健太	$-1.1452(2)$
④村田修一	$-1.3985(1)$
⑤森野将彦	$-1.1452(1)$
⑥福地寿樹	$0.7055(2)$
⑦ラミレス	$0.3049(1)$
⑧赤星憲広	$-0.3724(3)$
⑨東出輝裕	$1.3900(3)$
⑩小笠原道大	$-0.3724(1)$
⑪宮本慎也	$1.1651(3)$
⑫金本知憲	$-0.3367(1)$
⑬新井貴浩	$0.0800(2)$
⑭アレックス	$1.4256(3)$
⑮和田一浩	$1.4256(2)$

カッコ内は外的基準を表す．

第7章 クラスター分析

クラスター分析とは，種々異なった性質のものがまざり合っている対象の中で，互いに似たものどうしを集めてクラスターを作り，それらを直接分類しようとする手法である．

> **本章を学ぶ3つのポイント**
> ① クラスター分析において特に樹形図（デンドログラム）という概念を理解すること．
> ② クラスター分析において，非類似度（距離）という概念を理解すること．
> ③ クラスター分析においては，最短距離法，最長距離法，群平均法という3つのアプローチがあることを理解すること．

7.1 クラスター分析の概要と計算手順

クラスター分析（cluster analysis）とは，いろいろ異なった性質のものがまざり合っている対象の中で，互いに似たものどうしを集めて集落（**クラスター**）をつくり，それらを分類しようとする方法である．企業の経理指標から見た分類，野球選手や政治家の成績や実績による分類（後に例で分析する），症状等による病気の分類等種々の分野に適応できるものと思われる．また，後の章で述べるが，数量化理論3類・4類との比較検討もしていただくと興味ある結果が得られると思われる．

また，このクラスター分析には，大きく分けて階層的な方法と非階層的な方法とがある．階層的な方法は**樹形図**（デンドログラム，後で説明する）を得る方法で，とくにクラスター数は決めず，対象の階層的構造を求めるものである．

この方法は，目的に応じて，大分類から小分類までいろいろ利用できるところに特徴がある．一方，非階層的な方法は，あらかじめクラスター数を定めておき，対象が属しているクラスターの重心との距離が最小となるという意味で，最良の分類を得ようとする方法である．

さて本書では，前者，階層的な方法を次の例によって説明する．ある部屋に次の8人（①〜⑧）が**図7.1**のようにすわった．すわり方は任意なので，似た人・親しい人ほど接近してすわるものと思われる．すわった位置のデータは，**表7.1**に示してある．このすわり方を示すデータよりこれら8人を分類して，デンドログラムを作成する．互いに似たものどうしを結びつける指標（類似の度合を表す指標）はいろいろあるが，ここでは，普通のユークリッド平方距離を用いる．これは，値が小さいほど類似性が高いことを表すので，**非類似度**という．また相関係数のように大きな値ほど類似性が高いことを表す場合，これを**類似度**という．どちらを使うかは，その生データの中味により決まる．またクラスター間の距離の定義の仕方には種々の方法があるが，ここでは最短距離法を用いることにする．

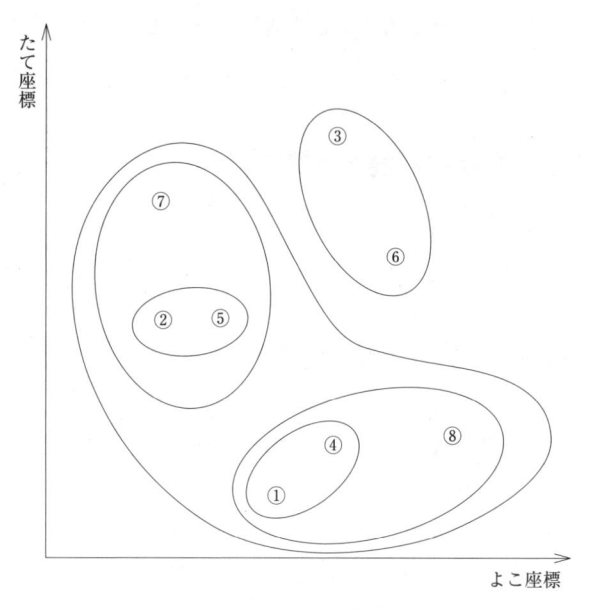

図7.1　クラスター分析の例

まず，8人相互間のユークリッド平方距離を表7.1より求めると，**表7.2**のようになる．距離の最も近いものは②と⑤の対であるから，そこにマークする．次に，②と⑤を統合して新しく②と名付ける．そして非類似度（ユークリッド平方距離）を最短距離法（クラスターとクラスターの距離を各クラスターに属する点の対の中で最も近い2つの点の距離と考える）を用いて更新する．これを**表7.3**に示す．ただし，表中の下付き数字はクラスター内の対象の個数であり，何も書いてないものは1とする．この表の中で距離が最も近いのは①と④の対であるから，そこにマークする．次に①と④を統合して，新しく①と名付ける．そして，また非類似度を最短距離法を用いて更新する．これを**表7.4**に示す．この表の中で距離が最も近いのは①と⑧，ならびに②と⑦の対であるから，そこにマークする．次に，①と⑧ならびに②と⑦を統合して，新しく①ならびに②と名付ける．そしてまた非類似度を最短距離法により更新する．これを**表7.5**に示す．この表のなかで距離が最も近いのは③と⑥の対であるから，そこにマークする．次に③と⑥を統合して，新しく③と名付ける．そしてまた非類似度を最短距離法により更新する．これが**表7.6**である．この表の中で距離が最も近いのは①と②であるから，そこにマークする．次に，①と②を統合して新しく①と名付ける．そして，非類似度を最短距離法により更新すると**表7.7**のようになる．

以上のプロセスをまとめると**図7.2**のようなデンドログラムとなる．ただし，各クラスターの非類似度の値は，表7.2〜表7.7でマークした値である．たとえば，最初のクラスター②と⑤の非類似度は1，次のクラスター①と④の非類似度は2，最後の全体のクラスターの非類似度は10である．

デンドログラムで高さを決め，その高さで樹を切る．たとえば図7.2で高さ（非類似度）を6.0に決め，その高さで切ると，（②，⑤，⑦），（①，④，⑧），（③，⑥）にまとめられ，これを3つのクラスターと考える．また高さを変え，9.0で樹を切ると，（②，⑤，⑦，①，④，⑧）と（③，⑥）にまとめられ，これを2つのクラスターと考える．このように高さを変えることによってクラスターの数も異なり，使用目的によってどれくらいの高さにすればよいかを判断する．

つまり**デンドログラム**は，小さいクラスターから大きいクラスターに，段階

表 7.1～7.7 クラスター分析の距離表

表 7.1

人	よこ座標	たて座標
①	4	1
②	2	4
③	5	7
④	5	2
⑤	3	4
⑥	6	5
⑦	2	6
⑧	7	2

表 7.2

	②	③	④	⑤	⑥	⑦	⑧
①	13	37	2	10	20	29	10
②		18	13	$\boxed{1}$	17	4	29
③			25	13	5	10	29
④				8	10	25	4
⑤					10	5	20
⑥						17	10
⑦							39

表 7.3

	②₂	③	④	⑥	⑦	⑧
①	10	37	$\boxed{2}$	20	29	10
②₂		13	8	10	4	20
③			25	5	10	29
④				10	25	4
⑥					17	10
⑦						39

表 7.4

	②₂	③	⑥	⑦	⑧
①₂	8	25	10	25	$\boxed{4}$
②₂		13	10	$\boxed{4}$	20
③			5	10	29
⑥				17	10
⑦					39

表 7.5

	②₃	③	⑥
①₃	8	25	10
②₃		10	10
③			$\boxed{5}$

表 7.6

	②₃	③₂
①₃	$\boxed{8}$	10
②₃		10

表 7.7

	③₂
①₆	$\boxed{10}$

的にクラスターが結合されていく様子を示すものである．

7.2　クラスター分析の方法

　まず，クラスター分析に必要な非類似度（距離）の定義の仕方のいくつかを紹介する．なお類似度（連関測度）については扱わない．

　表7.8のような l 変量の観測値が与えられたとき，個体間の非類似度を示す値として次のような距離が定義される．

(1) **ユークリッド平方距離**

　図7.2に示したクラスター分析に用いた非類似度であり，個体 i と j の非類

図7.2 デンドログラム

（縦軸）非類似度（ユークリッド平方距離）

個体：② ⑤ ⑦ ① ④ ⑧ ③ ⑥

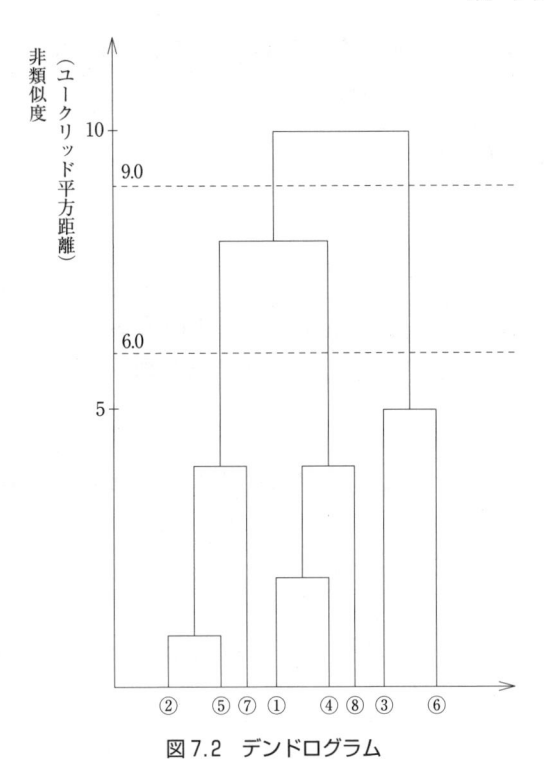

似度 D_{ij} を，

$$D_{ij} = \sum_{k=1}^{l} (x_{ki} - x_{kj})^2 \qquad (7\text{-}1)$$

により定義する．

(2) **標準化ユークリッド距離**

個体 i と j の非類似度 D_{ij} を，

$$D_{ij} = \sum_{k=1}^{l} (x_{ki} - x_{kj})^2 / \sigma_{k^2} \qquad (7\text{-}2)$$

により定義する．ここでの σ_{k^2} は変量 x_k の分散を表す．この計算は，各変量の分散を 1 として（標準化）式 (7-1) を求めるのと同じである．

表 7.8 個体と変量

個体＼変量	x_1	x_2	………	x_l
1	x_{11}	x_{21}	………	x_{l1}
2	x_{12}	x_{22}	………	x_{l2}
⋮	⋮	⋮		⋮
p	x_{1p}	x_{2p}	………	x_{lp}

この(1)(2)の定義は，後に述べるクラスターの方法のなかで，**重心法，メジアン法，ウォード法**を用いるときによい．

(3) マハラノビスの距離

個体iとjとの非類似度D_{ij}を，

$$D_{ij} = (\boldsymbol{x}_i - \boldsymbol{x}_j)^\mathrm{T} \boldsymbol{S}^{-1} (\boldsymbol{x}_i - \boldsymbol{x}_j) \tag{7-3}$$

により定義する．ここでの$\boldsymbol{x}_i$は個体iの**観測値ベクトル**，$\boldsymbol{S}$は分散-共分散行列を表す．また，$(\boldsymbol{x}_i - \boldsymbol{x}_j)^\mathrm{T}$は$(\boldsymbol{x}_i - \boldsymbol{x}_j)$の**転置行列**を表す．

(4) ミンコフスキー距離

ユークリッド距離を一般化したもので，個体iとjとの非類似度D_{ij}を

$$D_{ij} = \left\{ \sum_{m=1}^{l} | x_{mi} - x_{mj} |^k \right\}^{1/k} \tag{7-4}$$

とくに$k=2$とおけば，ふつうのユークリッド距離となる．

次に，クラスター分析をしてデンドログラムを作っていく段階において，個々の点をまとめたクラスター間の距離を決定する方法について考える．図7.2のデンドログラムの例では，以下に述べる最短距離法を用いたが，それ以外にもいくつかの方法がある．以下，順を追って説明する．

(1) 最短距離法

クラスター（u）とクラスター（v）を統合して，新しいクラスター（w）をつくる局面を考えよう．このとき，新しく統合してできたクラスター（w）と別の任意のクラスター（t）との間の非類似度D_{wt}を，統合する前のクラスター（u），クラスター（v）とクラスター（t）との非類似度D_{ut}，D_{vt}を用いて，

$$D_{wt} = \min(D_{ut}, D_{vt}) \tag{7-5}$$

と定義する．この定義を逐次適用すると，2つのクラスター間の非類似度は，それぞれのクラスターに含まれる対象の対の中で，最も類似度の高い対の間の

非類似度になる．このことから，この方法は**最短距離法**と呼ばれる．この方法では，1つでも近い対象があるクラスターは，どんどん統合されていくので，長い帯状のクラスターができやすいとされている．

(2) **最長距離法**

クラスター（u）とクラスター（v）を統合して，新しいクラスター（w）をつくるとき，クラスター（w）と任意のクラスター（t）との間の非類似度 D_{wt} を,

$$D_{wt} = \max(D_{ut}, D_{vt}) \tag{7-6}$$

と定義する．この定義を逐次適用すると，2つのクラスター間の非類似度は，それぞれのクラスターに含まれる対象の対の中で，最も類似度の低い対の間の非類似度になる．このことから，この方法は**最長距離法**と呼ばれる．また，この方法は，(1)の最短距離法とは対照的である．

(3) **群平均法**

(1),(2)で述べた最短距離法ならびに最長距離法では，各クラスター間の非類似度は，それらに含まれる対象の対の非類似度の中の極端な値（最大あるいは最小）により決められた．一方，各クラスター間の非類似度を，それらに含まれる対象間の非類似度の平均的な値で決めようとする考え方もある．そのような考え方に基づいた方法の1つに**群平均法**がある．それは，クラスター（u）とクラスター（v）を統合してできた新しいクラスター（w）に含まれる対象と別の任意のクラスター（t）に含まれる対象とにおいて，すべての可能な対の非類似度の平均により，この2つのクラスター間の非類似度を決めるものである．

クラスター（u），クラスター（v），クラスター（t）に含まれる対象の数をそれぞれ n_u, n_v, n_t とすると，クラスター（w）とクラスター（t）の非類似度 D_{wt} は,

$$D_{wt} = \frac{n_u D_{ut} + n_v D_{vt}}{n_u + n_v} \tag{7-7}$$

となる．

以下に示す2つの方法，すなわち，(4)重心法，(5)メジアン法は，各々のクラスターの代表点の間の距離をクラスター間の距離としている点で共通する．ただし(4)重心法の場合は，代表点として対象の数で重み付けした平均値を採用しているが，(5)メジアン法の場合は等しい重みで平均値を計算している点が異なる．

(4) 重心法

重心法においては，各クラスター間の非類似度がそれぞれのクラスターの重心間の非類似度により決められる．いま各個体に関して l 次の観測値 $(x_1, x_2, \cdots, x_l)$ があるとする．クラスター (u)，クラスター (v) の重心をそれぞれ $(\bar{x}_1^{(u)}, \cdots, \bar{x}_l^{(u)})$, $(\bar{x}_1^{(v)}, \cdots, \bar{x}_l^{(v)})$ とすれば，クラスター (w) の重心 $(\bar{x}_1^{(w)}, \cdots, \bar{x}_l^{(w)})$ は次のようになる．

$$\bar{x}_j^{(w)} = \frac{n_u \bar{x}_j^{(u)} + n_v \bar{x}_j^{(v)}}{n_u + n_v}$$

このとき，クラスター (w) とクラスター (t) の重心間のユークリッド平方距離 ε_{wt}^2 は

$$\begin{aligned}\varepsilon_{wt}^2 &= \sum_{j=1}^{l} \{(n_u \bar{x}_j^{(u)} + n_v \bar{x}_j^{(v)})/(n_u + n_v) - \bar{x}_j^{(t)}\}^2 \\ &= \frac{n_u}{n_u + n_v}\varepsilon_{ut}^2 + \frac{n_v}{n_u + n_v}\varepsilon_{vt}^2 - \frac{n_u n_v}{(n_u + n_v)^2}\varepsilon_{uv}^2\end{aligned}$$

となるので，非類似度として $D_{ij} = \varepsilon_{ij}^2$ の定義を採用する．ゆえに，次の式が導出される．

$$D_{wt} = \frac{n_u}{n_u + n_v}D_{ut} + \frac{n_v}{n_u + n_v}D_{vt} - \frac{n_u n_v}{(n_u + n_v)^2}D_{uv} \tag{7-8}$$

(5) メジアン法

重心法では，クラスターの統合の後の各クラスター間非類似度を式 (7-8)

のように，各クラスターの大きさ n_u，n_v によって重み付けした．一方，メジアン法では，クラスターの大きさは無視し，等しい重みとして考える．すなわち，統合してつくられたクラスターの代表値を，もとの2つのクラスターの代表値の中点としている．

したがって，2つのクラスターを統合してつくられたクラスター（w）と別の任意のクラスター（t）との非類似度 D_{wt} は，

$$D_{wt} = \frac{1}{2}D_{ut} + \frac{1}{2}D_{vt} - \frac{1}{4}D_{uv} \tag{7-9}$$

となる．

この他，ウォード法・可変法といった方法があるが，本書では説明を省くことにする．

7.3 クラスター分析の適用例（打者の成績）

クラスター分析の例として，2008年度プロ野球の成績に基づいてセ・リーグ12人の選手を取り上げることにする．またデータとして5変量（打率，安打数，本塁打数，打点数，OERA値）を考える．なお，セ・リーグ12選手名と各々の5変量値は**表7.9**に示すとおりとする．そこで，これらの12選手がどのようなクラスターにくくられていくか早速やってみよう．日頃，ただプロ野球を見ているだけでなく，このような観点から分析すれば興味ある結果が得られるだろう．

さて，分析に先だって，非類似度の定義を定めなくてはならない．前節において4つの定義を紹介したが，この例では，ユークリッド平方距離を用いることにする．

そこで，表7.9の12選手の5変量のデータにより，12選手間の非類似度（ユークリッド平方距離）を求めた．その結果は**表7.10**に示すとおりである．この結果よりクラスター分析にとりかかるのであるが，その方法も前節において5つ紹介した．本例においては，その中で，最短距離法，最長距離法，群平均法の3種類を用いることにする．

表7.9　12選手（セ・リーグ）の5変量によるデータ

個体	変量	打率(x_1)	安打(x_2)	本塁打(x_3)	打点(x_4)	OERA(x_5)
① 内　　川　（横）		0.378	189	14	67	9.276
② 青　　木　（ヤ）		0.347	154	14	64	8.85
③ 栗　　原　（広）		0.332	185	23	103	7.809
④ 村　　田　（横）		0.323	158	46	114	9.718
⑤ 森　　野　（中）		0.321	115	19	59	8.564
⑥ 福　　地　（ヤ）		0.32	155	9	61	6.155
⑦ ラミレス　（巨）		0.319	175	45	125	8.427
⑧ 赤　　星　（神）		0.317	176	0	30	5.914
⑨ 東　　出　（広）		0.31	162	0	31	4.058
⑩ 小 笠 原　（巨）		0.31	161	36	96	8.215
⑪ 宮　　本　（ヤ）		0.308	130	3	32	4.659
⑫ 金　　本　（神）		0.307	164	27	108	8.136

まず，最短距離法によるデンドログラムを作成した．それは**図7.3**に示すとおりである．この方法は，クラスター間の最も短い個体の間の比較で新しいクラスターをつくる．したがって，比較的非類似度の小さいうちに早くクラスターができるのである．

このデンドログラムの推移をみると次のようである．まず，青木（ヤ）と福地（ヤ）が非類似度42.26で統合され，次に赤星（神）と東出（広）が非類似度200.44で統合され，さらに，小笠原（巨）と金本（神）が非類似度234.01で統合される．そして，村田（横）とラミレス（巨）が非類似度412.67で統合される．また，小笠原（巨）と村田（横）の組が非類似度435.26で統合される．

次に，栗原（広）が村田（横）の組に，非類似度482.11で入る．そして，赤星（神）の組に宮本（ヤ）が非類似度1034.36で結ばれ，そこへ青木（ヤ）の組が非類似度1034.40で結ばれる．そこへ森野（中）が，非類似度1225.25で，また内川（横）が非類似度1226.74で結ばれる．最後に内川（横）の組が栗原（広）の組に非類似度1395.15で統合される．

7.3 クラスター分析の適用例（打者の成績）

表 7.10 12選手間の5変量による非類似度行列（ユークリッド平方距離）

	②青木(ヤ)	③栗原(広)	④村田(横)	⑤森野(中)	⑥福地(ヤ)	⑦ラミレス(巨)	⑧赤星(神)	⑨東出(広)	⑩小笠原(巨)	⑪宮本(ヤ)	⑫金木(神)
①内 川(横)	1234.182	1395.154	4194.198	5565.510	1226.744	4521.724	1745.307	2248.232	2110.130	4848.322	2476.305
②青 木(ヤ)		2564.084	3540.754	1571.083	42.264	5123.179	1844.621	1371.965	1557.405	1738.566	2205.511
③栗 原(広)			1382.644	6852.570	2862.736	1068.382	5942.591	6256.070	794.165	8475.923	482.108
④村 田(横)				5604.332	4199.695	412.667	9510.471	9053.035	435.259	9382.594	435.503
⑤森 野(中)					1709.803	8632.019	4930.022	3374.304	3774.122	1225.249	4866.183
⑥福 地(ヤ)						5797.162	1483.058	1034.398	1994.244	1504.238	2617.925
⑦ラミレス(巨)							11057.320	11049.090	1118.045	12452.200	734.085
⑧赤 星(神)								200.445	5882.294	2130.575	6961.938
⑨東 出(広)									5539.281	1034.361	6678.630
⑩小笠原(巨)										6158.645	234.006
⑪宮 本(ヤ)											7520.089

第7章 クラスター分析

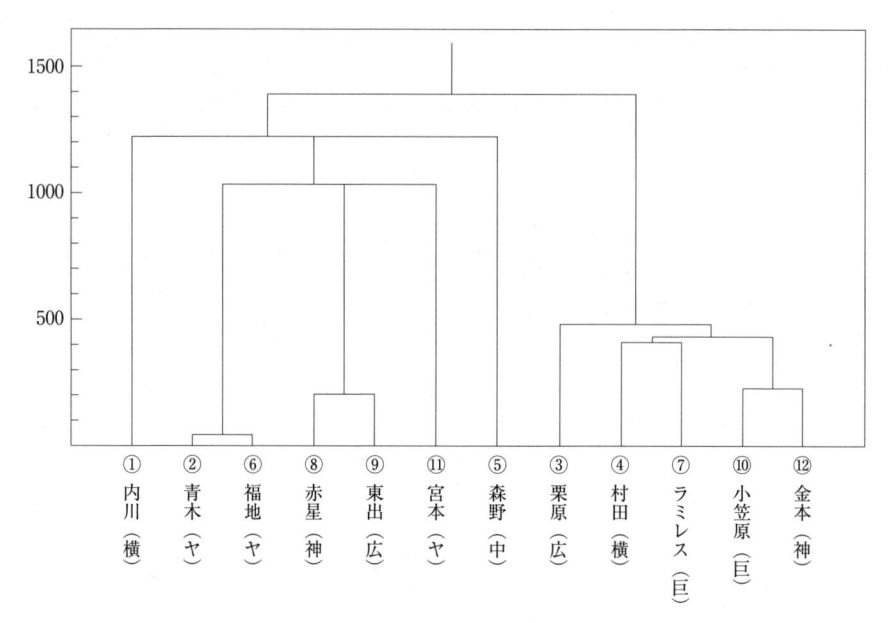

図 7.3 最短距離法によるデンドログラム

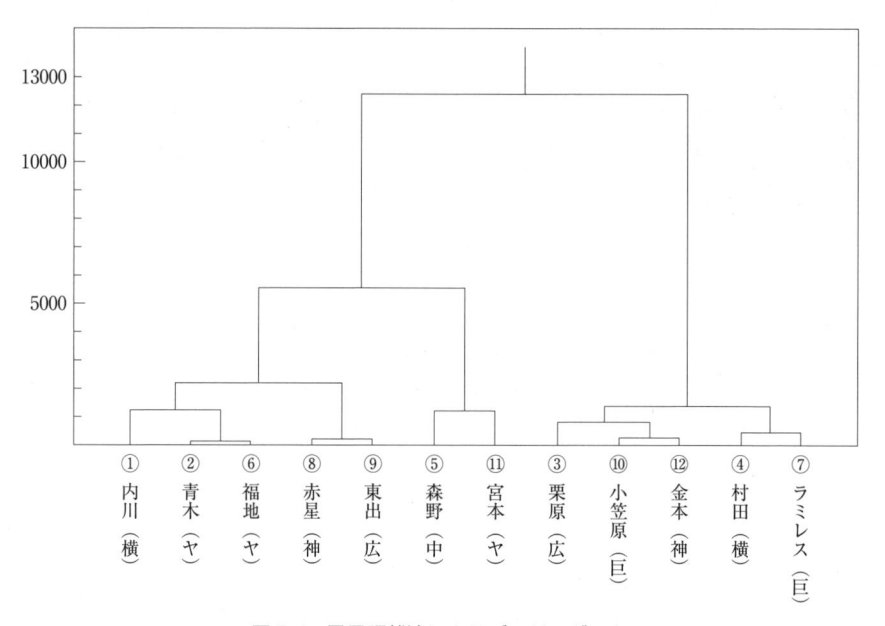

図 7.4 最長距離法によるデンドログラム

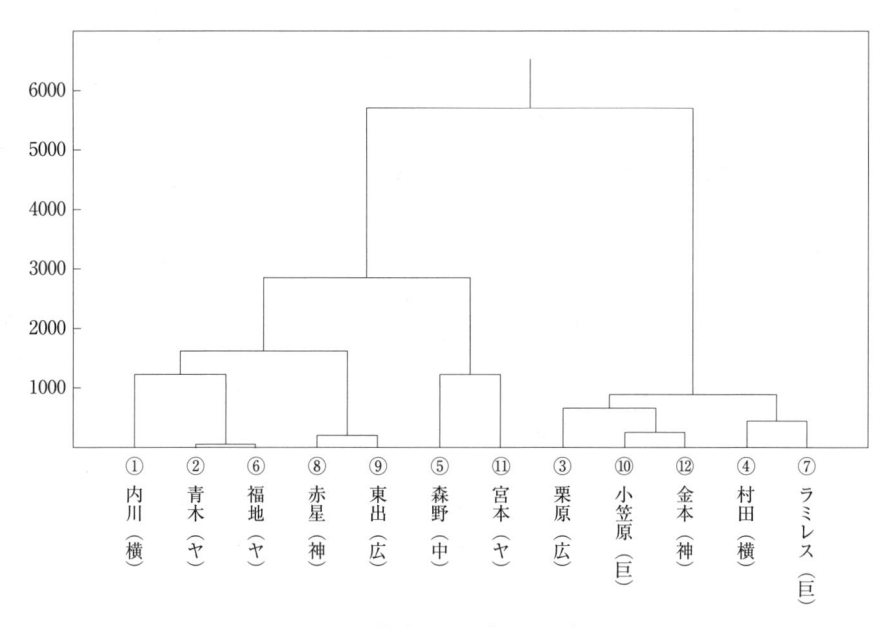

7.3 クラスター分析の適用例（打者の成績）

図7.5 平均法によるデンドログラム

次に，最長距離法によるデンドログラムは，**図7.4** に示すとおりである．この方法は，クラスター間の最も長い個体の間の比較で新しいクラスターをつくる．したがって，比較的非類似度が大きくならないとクラスターができにくくなる．最短距離法とは実に対称的である．

図7.4 に示すデンドログラムの推移は次のようになる．

最初の青木-福地，赤星-東出，小笠原-金本，村田-ラミレスの組は，最短距離法とまったく同じように統合される．次に栗原が小笠原の組に非類似度794.17で結びつく．そして，森野と宮本が非類似度1225.25で結ばれる．さらに，内川が青木の組に非類似度1234.18で入り，栗原の組が村田の組に非類似度1382.64で入る．次に，内川の組と赤星の組が非類似度2248.23で結ばれる．また，内川の組と森野の組が非類似度5565.51で結ばれる．最後に内川の組と栗原の組が非類似度12452.20で結ばれ，すべてが統合される．

最後に，群平均法によるデンドログラムは，**図7.5** に示すとおりである．この方法は，クラスター間の非類似度をそれらに含まれる個体間の平均値で表す

ものである．したがって，この方法は前述した2つの方法（最短距離法と最長距離法）の中間に存在するものである．図7.5に示すデンドログラムの推移は次のようである．

　最初の青木-福地，赤星-東出，小笠原-金本，村田-ラミレスの組は，最長距離法とまったく同じように統合される．次に，栗原が小笠原の組に非類似度638.14で結ばれ，栗原の組と村田の組が非類似度862.32で結ばれる．そして，森野と宮本が非類似度1225.25で結ばれる．そして内川と青木の組が非類似度1230.46で結ばれる．さらに，内川の組と赤星の組が非類似度1621.26で結ばれ，この内川の組と森野の組が非類似度2840.68で統合される．そして，最後に内川の組と栗原の組が非類似度5680.28で統合される．

第8章 数量化理論3類

　数量化理論3類とは，個々のカテゴリーへの反応の型に基づいて，個体とカテゴリーの両方を数量化する．そして，この数量により各個体やカテゴリーを分類し，その分類をもたらした原因は何であるかを探りだす手法である．

> **本章を学ぶ3つのポイント**
> ① 数量化理論1類や2類には，予測すべき外的基準があったが，数量化理論3類には外的基準がないことを十分に理解すること．
> ② 数量化理論における各アイテムといくつかのカテゴリーという概念を理解すること．
> ③ 分類を目的とする手法には，クラスター分析のような直接的分類手法と数量化理論3類のような間接的分類手法があることを理解すること．

8.1 数量化理論3類とは

　前述した数量化理論1類ならびに2類には予測すべき外的基準があった．一方，本章で扱う**数量化理論3類**や第9章で述べる数量化理論4類には外的基準はない．数量化理論3類はこの予測すべき外的基準のない場合の数量化法の1つであり，個体（サンプル）の様々なカテゴリーへの反応の型に基づいて，個体とカテゴリーの両方を数量化する．さらに，その数量により各個体やカテゴリーを分類し，その分類をもたらした原因は何であるかを探りだす手法である．そうすれば，明確になっていないシステムが構造的に把握できる可能性がでてくるのである．

　さて，N個の個体（サンプル）について，R個のカテゴリーへの反応パタ

ーンが**表8.1**のように与えられているとする．これは，たとえば，任意に選んだN人にそれぞれ，R人のタレントを示し，この中で好きなタレントに∨印をつけてくださいというアンケートのようなものを想定してもらえればよい．ただし∨印をつけるタレントは何人（複数）いてもかまわないとする．さて，このような状況のもとで，反応の仕方の近い人（個人），反応のされ方の近いタレント（カテゴリー）をそれぞれ集めて分類してみたい．そのためには，表8.1の行（サンプル）と列（タレント）を適当に並べ換えて，**表8.2**のように∨印ができるだけ対角に集中するようにしてやればよい．数量化3類とは，このような並べ換えに相当することを，個体（サンプル），カテゴリー（タレント）に数量を与えることにより行うことである．そうすれば，各個人が，どのようなタレントを好むか，という観点から順位がつけられ，一方，タレントについてもどのような人から好まれるかという観点から順位をつけられるのである．

表8.1　N個のサンプルの各カテゴリーへの反応パターン

個体＼カテゴリー	1	2	3	………	R
1	∨		∨		∨
2	∨	∨			
⋮					
N	∨		∨		

表8.2　並べかえた反応パターン

個体＼カテゴリー	j_1	j_2	j_3	………	j_R
i_1	∨	∨			
i_2		∨	∨		
⋮					
i_N					∨

このときサンプルの個体iにはx_iを，一方タレント等のカテゴリーjにはy_j

のような数量を与えることにする．したがって，数量 x_i, y_j としては，タレントの好み（カテゴリーへの反応の仕方）の似たサンプル，あるいは，サンプルからの反応のされ方の似たタレント（カテゴリー）には，近い数量を与えたい．そのためには，∨印ができるだけ対角に集中するように並べ換えられた表 8.2 において，左から右，上から下に，大きさが小さくなる（または大きくなる）ような数量を与えるようにするのである．このような数量化は，「x と y の相関係数 r を最大にする」ことにより，実行できるのである．

つまり，この個人サンプルとタレントの例のように，外的な基準がまったく与えられていないとき，2つの変量の相関がもっとも強くなるように，すなわち，各点がもっともよく直線状に並ぶように，変量の順序を並べ換えることによって，変量に順位を与えるような方法を数量化3類と呼んでいる．

また，数量化3類の適用は，**固有方程式**†を解くことに帰着し，1以外の**最大固有値**に対する**固有ベクトル**の要素値が求める数量となる．先の例では，カテゴリーであるタレントの数量 $y_j(j=1, 2, \cdots, R)$ が最大固有値に対する固有ベクトルの要素として求められる．また個人サンプルの数量 $x_i(i=1, 2, \cdots, N)$ は，∨印のついているタレントの数量の平均で与えられる．

さらに，その次に大きい固有値に対する固有ベクトルも求められる．この固有ベクトルの要素値の大小の順で並べ換えたとき，また別の対角線上の集まりもできる．これから，はじめの対角線上の集まりからわかった要因とは，別の要因を見つけることもできる．

8.2　数量化理論3類の適用例：その1（レジャーの過ごし方）

まず，最初の適用例は，休日のレジャーの過ごし方についてである．6人の人に，あなたが休日のレジャーとして過ごしたいのはどのような遊びですか？

---

† **固有方程式**
　　n 次の正方行列 A に対して $Ax = \lambda x$ を満たすベクトル $x \neq 0$ と，あるスカラー λ が存在するとき，λ を A の固有値，x を固有値 λ に対する A の固有ベクトルという．上式を書き直すと，$(A - \lambda I)x = 0$ となる．この式が自明でない解を有する必要十分条件は $|A - \lambda I| = 0$ である．この式を A の固有方程式という．

第 8 章　数量化理論 3 類

表 8.3　反応パターン

レジャー\サンプル	テニス	麻雀	ドライブ	水泳	映画
1 (40代)		✓		✓	✓
2 (20代)	✓	✓		✓	
3 (30代)				✓	
4 (40代)					✓
5 (20代)		✓	✓		
6 (30代)		✓	✓		✓

というアンケートを行った．もちろん個々人が，複数のレジャーを答えることもできる．その結果が**表 8.3**である．

この表のままでは分析できないので，サンプルとレジャーを入れ換えて，✓印が比較的対角線上に並ぶようにする．そのためには固有値問題を解かなくてはならない．計算の結果，固有値は，1.0 を除いて，大きい順に，

$$\lambda_1 = 0.587, \quad \lambda_2 = 0.407$$
$$\lambda_3 = 0.212, \quad \lambda_4 = 0.031$$

となる．λ_3, λ_4 の固有値は無視して，2 次元の数量を与えることにすると，カテゴリー（レジャー）の数量と個体（サンプル）の数量は，それぞれ**表 8.4**，**表 8.5**のようになる．

すなわち，最大固有値 $\lambda_1 = 0.587$ に対する固有ベクトルの各要素値が，表 8.4 に示したカテゴリー数量（Y_1）となる．また，個体の数量（X_1）は，その個体が反応したカテゴリーの数量の平均値である（本書では，その平均値を最大固有値の平方根でわっている）．その結果は表 8.5（X_1）に示されている．このようにして求めたカテゴリー数量（Y_1），個体数量（X_1）をもとに反応パ

8.2 数量化理論 3 類の適用例：その 1（レジャーの過ごし方）

表 8.4 カテゴリー数量

	Y_1	Y_2
1	1.546	−0.889
2	−0.176	−0.586
3	−1.228	−1.278
4	1.352	0.389
5	−0.813	1.540

表 8.5 個体数量

	X_1	X_2
1	0.158	0.702
2	1.184	−0.567
3	1.765	0.611
4	−1.062	2.414
5	−0.917	−1.461
6	−0.965	−0.169

表 8.6 並べ換えた反応パターン（その 1）

レジャー＼サンプル	ドライブ	映画	麻雀	水泳	テニス
4 (40代)		✓			
6 (30代)	✓	✓	✓		
5 (20代)		✓	✓		
1 (40代)			✓	✓	
2 (20代)				✓	✓
3 (30代)				✓	

ターンを並べ換えた結果が**表 8.6**である．並べ換えのルールは，レジャー（カテゴリー）に関しては，左から右に数量が大きくなり，個体に関しては，上から下に数量が大きくなるのである．この結果から，たしかに対角線上に比較的✓印が集まっていることがわかる．さて，このことより次のことがわかる．

(i) カテゴリー数量が大きくなればなるほど，そのカテゴリー（レジャー）は体を動かすレジャーであるといえる．つまりドライブと映画はほとんど体を動かさない．そして麻雀は，じっとしているが手の動きは活発である．最後に，水泳とテニスはかなり体を動かすことになる．

(ii) 次に，個体数量により，サンプルの並べ方は，4－6－5－1－2－3となる．サンプル番号の下に年齢（何十代か）を記しておいたが，年齢が若いほど，体を動かすレジャーを好む傾向はあまりないようである．これは，あくまで個人的趣味の問題である．

次に，2 番目に大きい固有値 $\lambda_2 = 0.407$ に対する固有ベクトルの各要素値が表 8.4 に示したカテゴリー数量（Y_2）となる．また，個体の数量（X_1）は，

その個体が反応したカテゴリーの数量の平均値である（本書では，その平均値を，2番目に大きい固有値の平方根でわっている）．その結果は表8.5（X_2）に示されている．このようにして求めたカテゴリー数量，個体数量をもとに反応パターンを並べ換えた結果が**表8.7**である．並べ方のルールは，最大固有値の場合（その1）と同じである．この結果，その1の場合ほど明確でないが，対角線上に比較的∨印が集まっていることがわかる．さて，このことから次のことがわかる．

(i) カテゴリー数量が小さくなればなるほど，そのカテゴリー（レジャー）はナウいレジャーであるといえる．ドライブとテニスはナウく，水泳と映画はナウくなく，麻雀はその中間である．

(ii) 次に，個体数量により，サンプルの並べ方は，5−2−6−3−1−4となる．サンプル番号の下の年代を見ると，年齢が若いほど，ナウいレジャーを好む傾向がある．この結果より(i)の解釈がある程度正しいことがわかる．

さて，このようにして得られた，2種類のカテゴリー数量，個体数量の散布図を書けば，それぞれ，**図8.1**，**図8.2**に示したとおりになる．なお，これらの図においてⅠ軸は最大固有値により求めた数量（Y_1, X_1）であり，Ⅱ軸は2

表8.7 並べ換えた反応パターン（その2）

レジャー＼サンプル	ドライブ	テニス	麻雀	水泳	映画
5（20代）	∨		∨		
2（20代）		∨	∨	∨	
6（30代）	∨		∨		∨
3（30代）				∨	
1（40代）			∨	∨	∨
4（40代）					∨

8.2 数量化理論3類の適用例：その1（レジャーの過ごし方）

番目に大きい固有値により求めた数量 (Y_2, X_2) である．

これらの図から次のことがわかる．

図 8.1 に関して，

(i) 前述したことであるが，Ⅰ軸の値の小→大は，体をより動かすレジャーであり，Ⅱ軸の値の大→小は，よりナウいレジャーを表すものである．たとえば，ドライブはあまり体を動かさないナウいレジャーであり，テニスは，よく体を動かすナウいレジャーである．一方，映画は，あまり体を動かさないナウくないレジャーといえる．

(ii) この図から，各カテゴリーは3つのクラスターに分かれることがわかる．1つは（麻雀とドライブ），もう1つは，（テニスと水泳）そして，（映画）である．

図 8.2 に関して，

(i) 前述したことであるが，Ⅰ軸の値の小→大は，体を動かすことを好むサ

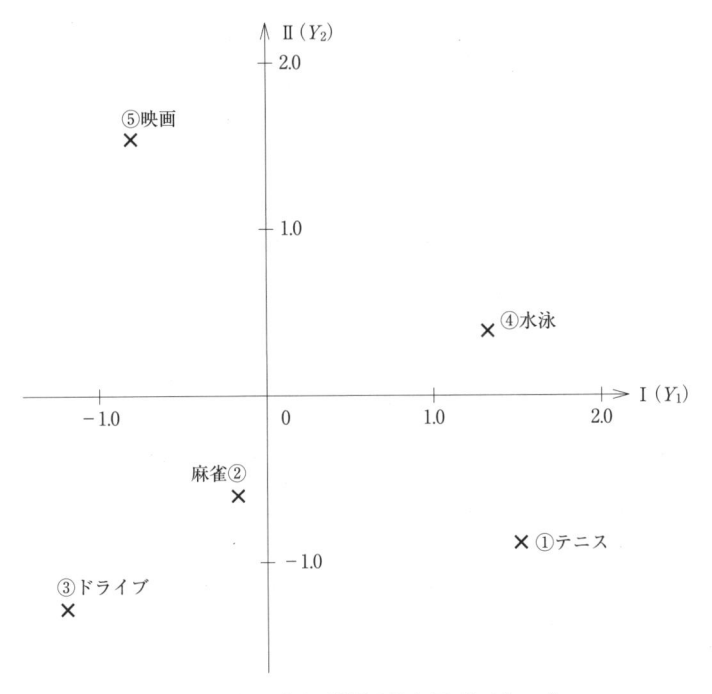

図 8.1 カテゴリー数量の散布図（レジャー）

第 8 章　数量化理論 3 類

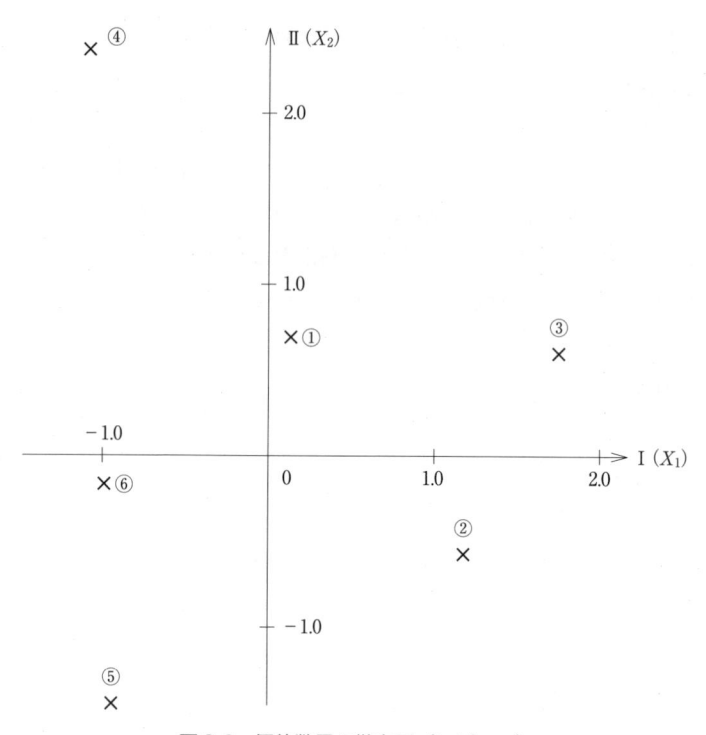

```
              Ⅱ (X_2)
              │
           ─ 2.0
×④            │
              │
           ─ 1.0
              │            ×③
          ×①  │
  ─1.0        │
 ──┼──────────┼──────┬──────┬──→ Ⅰ (X_1)
              0     1.0    2.0
  ×⑥          │
              │     ×②
           ─ -1.0
              │
  ⑤           │
  ×           │
```

図 8.2　個体数量の散布図（レジャー）

ンプルの傾向であり，Ⅱ軸の値の大→小は，年齢が若くなるサンプルの傾向である．たとえば，⑤は，若いにもかかわらず体を動かすことを好まない人であり，②は，若くて体を動かすことを好む人である．一方，④は，若くはなく，体を動かすことを好まない人といえる．

(ii)　この図から，各サンプルは 4 つのクラスターに分かれることがわかる．1 つは（⑤と⑥），もう 1 つは（②と③），そして（④）さらに（①）である．

最後に，2 つの図から，それぞれのクラスターは次のように結びつくことがわかる．サンプル（⑤と⑥）は（麻雀とドライブ），サンプル（②と③）は（テニスと水泳），さらに，サンプル（④）は（映画）に対応している．サンプル（①）はカテゴリーの 3 つのクラスターに等距離である．

8.3 数量化理論3類の適用例：その2（食事のメニューの選び方）

次の適用例は，食事のメニューの選び方についてである．前の例と同じ6人に（番号も同じ），あなたが食事に選びたいメニューは何ですか？ という質問を行った．もちろん，前回同様，個人が複数のメニューに答えられる．その結果は，**表8.8**の反応パターンに示したとおりである．

このままでは，分析できないので，サンプルと食事のメニューを入れ換えて，∨印が対角線上にくるようにする．そのためには固有値問題を解かなくてはならない．その結果，求めた固有値は，1.0を除いて大きい順に，

$\lambda_1 = 0.468, \quad \lambda_2 = 0.300$

$\lambda_3 = 0.207, \quad \lambda_4 = 0.033$

となった．λ_3, λ_4 の固有値は無視して，2次元の数量を与えることにすると，カテゴリー（食事）の数量と個体（サンプル）の数量はそれぞれ，**表8.9**，**表8.10**に示したとおりである．

表8.8 反応パターン

食事 サンプル	ステーキ	すし	おにぎり	フランス料理	イタリア料理	お茶漬け
1 （40代）	∨			∨		∨
2 （20代）				∨	∨	
3 （30代）		∨		∨	∨	
4 （40代）		∨	∨	∨		∨
5 （20代）			∨	∨		
6 （30代）	∨	∨		∨		

表 8.9　カテゴリー数量

	Y_1	Y_2
1	1.029	-2.048
2	-0.097	0.309
3	1.215	2.789
4	-0.227	-0.146
5	-2.146	0.080
6	1.386	0.394

表 8.10　個体数量

	X_1	X_2
1	1.066	-1.096
2	-1.734	-0.060
3	-1.203	0.148
4	0.832	1.527
5	-0.237	0.148
6	0.343	-1.148

その中で，最大固有値 $\lambda_1 = 0.468$ に対して計算されたカテゴリー数量，個体数量はそれぞれ Y_1, X_1 である．計算方法は，前回の適用例と同じである．

このようにして求めたカテゴリー数量（Y_1）と個体数量（X_1）をもとに反応パターンを並べ換えた結果は，**表 8.11** に示したとおりである．なお，並べ換えのルールは前回の適用例と同じである．

この結果，たしかに，対角線上に∨印が集まっていることがわかる．さて，このことより次のことがわかるのである．

(i) カテゴリー数量が大きくなればなるほど，そのカテゴリー（食事）は和風色の強い食事であるといえる．お茶漬けとおにぎりは和風で，イタリア料理とフランス料理は，西欧風である．また，すしとステーキはその中間であるといえる（すしは最近，アメリカやヨーロッパで「すしバー」として有名であり，ステーキはすっかり日本的食事になっている）．

(ii) 次に，個体数量により，サンプルの並べ方は，2－3－5－6－4－1となる．サンプル番号の下の年齢（何十代か）を見ると，年齢が高いほど和風好みであることがわかる．一方，年齢が比較的低いほど西欧風好みであるといえる．

次に，2番目に大きい固有値 $\lambda_2 = 0.300$ に対して計算されたカテゴリー数量，個体の数量はそれぞれ表 8.9，表 8.10 の Y_2, X_2 である．このようにして求めたカテゴリー数量（Y_2）と個体数量（X_2）をもとに反応パターンを並べ換えた結果は**表 8.12** に示したとおりである．この結果，その1の場合ほど明確でないが，対角線上に比較的∨印が集まっていることがわかる．さて，このこと

8.3 数量化理論3類の適用例：その2（食事のメニューの選び方）

表8.11 並べ換えた反応パターン（その1）

食事＼サンプル	イタリア料理	フランス料理	すし	ステーキ	おにぎり	お茶漬け
2 (20代)	∨	∨				
3 (30代)	∨	∨	∨			
5 (20代)		∨	∨			
6 (30代)		∨	∨	∨		
4 (40代)		∨	∨		∨	∨
1 (40代)		∨		∨		∨

表8.12 並べ換えた反応パターン（その2）

食事＼サンプル	ステーキ	フランス料理	イタリア料理	すし	お茶漬け	おにぎり
6 (30代)	∨	∨		∨		
1 (40代)	∨	∨			∨	
2 (20代)		∨	∨			
3 (30代)		∨	∨	∨		
5 (20代)		∨	∨			
4 (40代)		∨		∨	∨	∨

から次のことがわかる．

(i) カテゴリー数量が大きくなればなるほど，そのカテゴリー（食事）は安い料理であり，その反対に，カテゴリー数量が小さくなればなるほど，そのカテゴリー（食事）は，高級料理といえる．つまり前者が（お茶漬け，おにぎり）であり，後者が（ステーキ，フランス料理，イタリア料理）である．すしはその中間といえる．

(ii) 次に，個体数量により，サンプルの並べ方は，6－1－2－3－5－4となる．サンプル番号の下に年齢（何十代か）を記しておいたが，年齢により，安い料理か高級料理かのどちらかを好む傾向はあまりないようである．最近若い人もお金を持ちはじめ，一方，中年にはこづかいがあまりないのかも知れない．

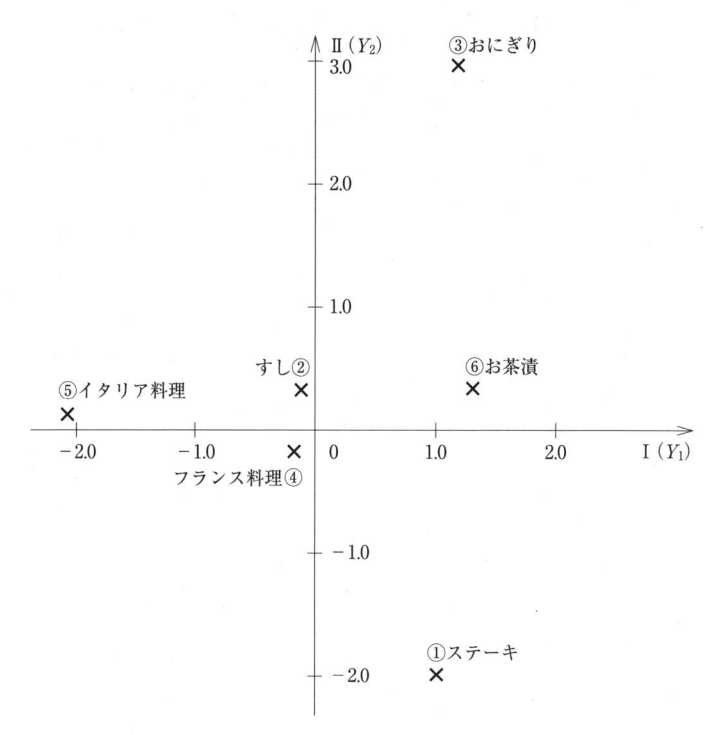

図 8.3 カテゴリー数量の散布図（食事）

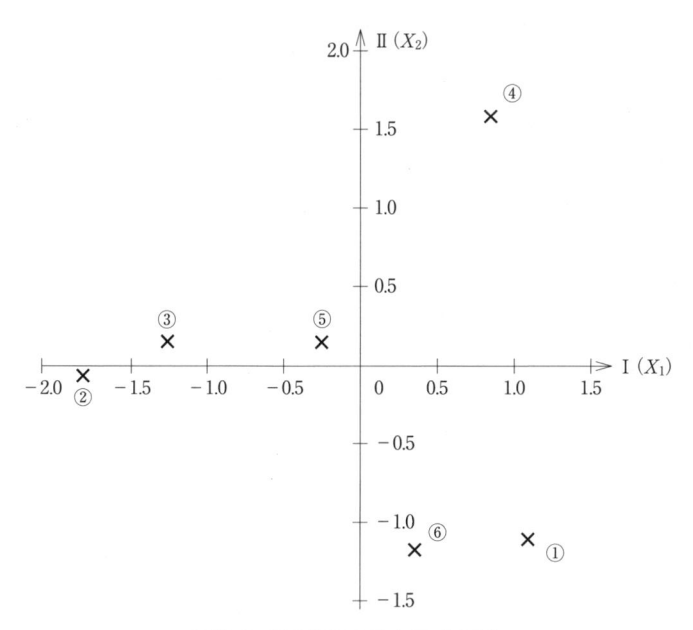

8.3 数量化理論3類の適用例：その2（食事のメニューの選び方）

図 8.4 個体数量の散布図（食事）

さて，このようにして得られた2種類のカテゴリー数量，個体数量の散布図を描けば，それぞれ**図 8.3**, **図 8.4**に示したとおりである．なお，これらの図においてⅠ軸は最大固有値により求めた数量（Y_1, X_1）であり，Ⅱ軸は2番目に大きい固有値により求めた数量（Y_2, X_2）である．

これらの図から次のことがわかる．

図 8.3 に関して，

(i) 前述したことであるが，Ⅰ軸は和風か西欧風かを表す座標であり，Ⅱ軸は安い料理か高級料理かを表す座標といえる．おにぎりは，和風で，しかもかなり安い料理といえる．また，イタリア料理は，西欧風が最も強いといえる．

(ii) この図から，各カテゴリーは4つのクラスターに分かれることがわかる．1つは（イタリア料理，フランス料理とすし），そして後は，それぞれ（ステーキ），（お茶漬け），（おにぎり）である．

105

図8.4に関して，

(i) 前述したことであるが，Ⅰ軸の値の小→大は，年齢が高くなるサンプルの傾向であり，Ⅱ軸の値の小→大は，安い料理を好むサンプルの傾向を表すものである．たとえば，④は年齢が高く，安い料理を好む人であり，②は年齢が低く，やや高級料理を好む人であるといえる．一方，①は年齢は高く，高級料理をかなり強く好む人であり，⑤は年齢がやや低く，やや安い料理を好む人といえる．

(ii) この図から，各サンプルは3つのクラスターに分かれることがわかる．1つは（②, ③, ⑤）であり，もう1つは（⑥と①）であり，さらに（④）である．

最後に，この2つの図から，各サンプルのクラスターは，それぞれ次のカテゴリーのクラスターに結びつくことがわかる．サンプル（②, ③, ⑤）は，カテゴリー（イタリア料理，フランス料理，すし），サンプル（⑥, ①）は，カテゴリー（ステーキ），そして，サンプル（④）は，カテゴリー（おにぎり）に対応している．ただし，カテゴリー（お茶漬け）に直接，対応するサンプルはない．

第9章 数量化理論4類

　数量化理論4類とは，対象間の比較を手掛りにして数量化を行い，多くの対象を似たものどうしに分類する手法である．

> **本章を学ぶ3つのポイント**
> ① 数量化理論1類や2類には，予測すべき外的基準があったが，数量化理論4類には外的基準がないことを十分に理解すること．
> ② 数量化理論4類における親近性行列という概念を理解すること．
> ③ 分類を目的とする手法には，クラスター分析のような直接的分類手法と数量化理論4類のような間接的分類手法があることを理解すること．

9.1 数量化理論4類とは

　本章で述べる**数量化理論4類**は，第8章で述べた数量化理論3類と同じく，予測すべき外的基準のない場合の数量化法の1つであり，対象間の比較を手掛りにして数量化を行い，多くの対象を似たものどうしに分類するものである．

表9.1 n 個の対象間の親近性行列

対象	1	2	$\cdots$	n
1		e_{12}	$\cdots$	e_{1n}
2	e_{21}		$\cdots$	e_{2n}
$\vdots$	$\vdots$	$\vdots$		$\vdots$
n	e_{n1}	e_{n2}	$\cdots$	

第9章 数量化理論4類

今，n 個の対象があり，表9.1のように，親しさ（**親近性**）とか，似かより（類似度）といった，各々の対象間に近さを表す e_{ij}，$(i \neq j)$（値が大きいほど親近性が強いことを表す）が与えられているとする．数量化4類とは，この類似度（親近性）をもとに各対象に数量を与え，多次元軸上に位置づけする手法である．ただし，この際，似ているものどうし（親近性の大きいペア）は近くに，似ていないものどうし（親近性の小さいペア）は離れるようにする．

まず，一次元の数量化について具体的に証明し，その後に多次元の数量化を考える．それには，各対象に一次元軸の座標値を与え，対象間の距離を表す量としてユークリッド平方距離 $(x_i - x_j)^2$ を考える．このとき，似ているものどうし（親近性の大きいペア）が近づき，似ていないものどうし（親近性の小さいペア）は離れるようにするため，

$$Q = -\sum_{i=1}^{n}\sum_{j=1}^{n} e_{ij}(x_i - x_j)^2 \tag{9-1}$$

を最大とする $\{x_i\}$ を決める．Q はどういう内容かというと，非親近性を表す $-e_{ij}$ と対象間の異なり度合を表すユークリッド平方距離の内積である．この Q を最大にすることは，非親近性 $-e_{ij}$ とユークリッド平方距離が最もよく一致する $\{x_i\}$ を求めることである．ただし，数量 $\{x_i\}$ の平均は，

$$\frac{1}{n}\sum_{i=1}^{n} x_i = 0 \tag{9-2}$$

とし，分散は，

$$\frac{1}{n}\sum_{i=1}^{n}(x_i - \bar{x})^2 = 1 \tag{9-3}$$

とし（ただし，$\bar{x}$ は数量 $\{x_i\}$ の平均を表す），重みの目盛をそろえることにする．

(9-1) 式をよく見ると，さきほど説明した意味が明確になってくる．すなわち，親近性が大きいペアほど，e_{ij} の値が大きくなる．したがってユークリッド平方距離 $(x_i - x_j)^2$ が小さいほど Q の値が大きくなる．一方，親近性が小さ

いペアほど，e_{ij} の値が小さくなる．したがって，ユークリッド平方距離 $(x_i - x_j)^2$ が大きいほど Q の値が大きくなるのである．

さてこの (9-1) 式を最大にする数量 $\{x_i\}$ を求めることは，

$$\sum_{j=1}^{n} h_{ij} x_j - \beta x_i = 0 \qquad (i = 1, 2, \cdots, n) \tag{9-4}$$

のような行列 $H = (h_{ij})$ の固有値問題を解くことに帰着する．

上式の **$H(h_{ij})$ 行列**は，親近性を表す e_{ij} 行列から次のように定める．

$$\left. \begin{array}{l} h_{ij} = h_{ji} = e_{ij} + e_{ji} \\ h_{ii} = -\sum_{j \neq i} h_{ij} \left(= -\sum_{j \neq i} h_{ji} \right) \end{array} \right\} \tag{9-5}$$

すなわち，求める数量 $\{x_i\}$ は，固有値問題 (9-4) 式の最大固有値 β_1 に対する固有ベクトルの要素となる．上述したような一次元座標軸で対象間の様子が十分説明できないときは，多次元座標軸で数量化を行う．いま，ある対象 i に対する q 次元の数量を $\{x_i^{(1)}, x_i^{(2)}, \cdots, x_i^{(q)}\}$ と定める．このとき，親近性 e_{ij} の大きいペアほどユークリッド平方距離 $(x_i^{(1)} - x_j^{(1)})^2 + (x_i^{(2)} - x_j^{(2)})^2 + \cdots + (x_i^{(q)} - x_j^{(q)})^2$ が小さくなり，親近性 e_{ij} の小さいペアほど，ユークリッド平方距離が大きくなるので，

$$Q = -\sum_{i \neq j} \sum e_{ij} \{ (x_i^{(1)} - x_j^{(1)})^2 + (x_i^{(2)} - x_j^{(2)})^2 + \cdots + (x_i^{(q)} - x_j^{(q)})^2 \} \tag{9-6}$$

を最大にすることを考える．

この (9-6) 式を解くと，(9-4) 式の固有値問題で1番目から q 番目に大きい固有値に対する固有ベクトルの要素が，それぞれ，$\{x_i^{(1)}\} \cdots \{x_i^{(q)}\}$ の数量となる．

9.2 数量化理論4類の適用例:その1(アイドルタレントの分析)

数量化理論4類の例として往年のアイドルタレント(故人を含む)の分析を試みる.まず最初にその1として以下6人のタレントを対象とした.参考のため6人の性格を付記した(これは,神戸市立工業高専の学生に1985年に聞いたものである).

1. 菊池桃子……おとなしい,やさしいお嬢さんタイプ
2. 荻野目洋子……活発,笑顔をたやさないフレッシュなタイプ
3. 本田美奈子……甘えた,奇抜なファッション
4. 中森明菜……人の話をよく聞いてあげるお姉さんタイプ
5. 中山美穂……意地っぱり風,活発でハキハキしている
6. 小泉今日子……回りの人を楽しい気持ちにさせる活発な現代っ子

さて,以上6人のアイドルタレント間の親近性を神戸市立高専の学生数名にアンケートした.その結果は,**表9.2**のような対称行列になった.

表9.2 アイドルタレント間の親近性行列

	1	2	3	4	5	6
1	0	1.0	-1.0	1.0	-1.0	1.0
2	1.0	0	-1.0	1.0	1.0	1.0
3	-1.0	-1.0	0	-2.0	-1.0	-1.0
4	1.0	1.0	-2.0	0	1.0	1.0
5	-1.0	1.0	-1.0	1.0	0	-0.5
6	1.0	1.0	-1.0	1.0	-0.5	0

表9.3 H行列

	1	2	3	4	5	6
1	-2.0	2.0	-2.0	2.0	-2.0	2.0
2	2.0	-6.0	-2.0	2.0	2.0	2.0
3	-2.0	-2.0	12.0	-4.0	-2.0	-2.0
4	2.0	2.0	-4.0	-4.0	2.0	2.0
5	-2.0	2.0	-2.0	2.0	1.0	-1.0
6	2.0	2.0	-2.0	2.0	-1.0	-3.0

さて,この行列から(9-5)式を用いてH行列を求める.すなわち,この親近性行列は,対称行列であるから,非対角要素は2倍し,一方,対角要素は各行の対角以外の要素の和を,プラス・マイナスを入れかえて入れると**表9.3**のようなH行列になる.このようにして得られたH行列の固有値問題を(9-4)式により解くと,次のようになる.

9.2 数量化理論4類の適用例：その1（アイドルタレントの分析）

固有値　$\beta_1 = 14.583$, $\beta_2 = 2.606$, $\beta_3 = 0.0$
　　　　$\beta_4 = -4.606$, $\beta_5 = -6.583$, …

上の固有値の中で，β_1, β_2 が他の値より大きいので2次元の数量までとりあげることにする．この β_1, β_2 に対する固有ベクトルは，それぞれ，**表9.4**に示したとおりである．こうして求めた2次元数量を用いて散布図を書くと，**図9.1**のような結果になった．

この図からわかることは，次の点である．
（i）中山美穂と本田美奈子は，他のアイドルタレントから遠くはなれている．すなわち，これら2人のタレントは他のタレントに比べて異質なキャラクターを有しているといえる．
（ii）（中森明菜，荻野目洋子）さらに（小泉今日子，菊池桃子）がたがいに

表9.4　2次元の数量

	I	II
1	−0.161	−0.491
2	−0.161	0
3	0.909	0
4	−0.265	0
5	−0.161	0.811
6	−0.161	−0.320

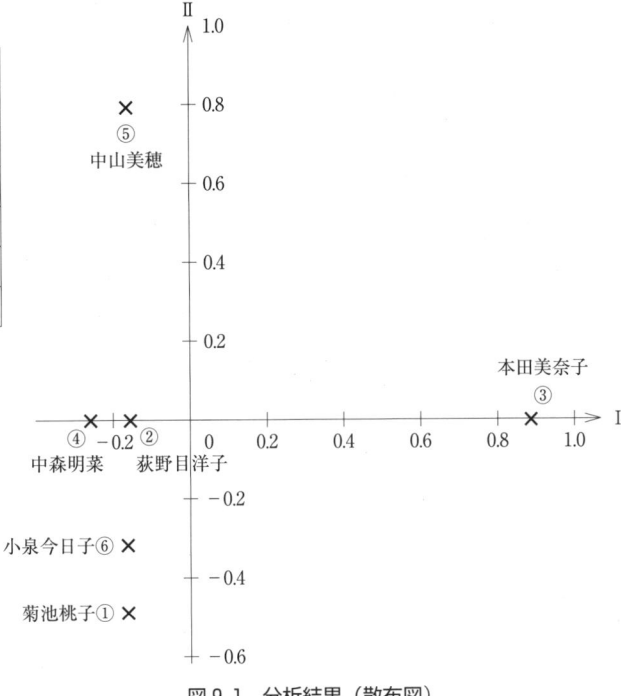

図9.1　分析結果（散布図）

近い位置にいることがわかる．おそらく，アンケートに答えてくれた学生たちにとってよく似たキャラクターにうつるのであろう．

(iii) 最大固有値に対する固有ベクトルにより求まる数量だけを考えると，一次元座標軸上に6人のアイドルタレントが並ぶことになる．たとえば，図9.1においてはⅠ軸がこれにあたる．このⅠ軸上に6人を並べると，本田美奈子だけが遠くに離れ，他の5人が近くに集中する．このことから最も重要な要因を見ると，本田美奈子だけがとくに異質なキャラクターを持っていることになる．

9.3　数量化理論4類の適用例：その2（タレントの分析）

適用例その1に引き続き，その2でもタレントの分析を試みる．対象とするタレントは以下の6人である．

1. タモリ
2. ビートたけし
3. 所ジョージ
4. 明石家さんま
5. 笑福亭鶴瓶
6. 島田紳助

さて，以上6人のタレント間の親近性を学生数名にアンケートした．その結果は，**表9.5**のような対称行列になった．

表9.5　タレント間の親近性行列

	1	2	3	4	5	6
1	0	-1.5	0.5	0.5	-0.5	-2.0
2	-1.5	0	1.0	1.5	-1.5	2.0
3	0.5	1.0	0	-0.5	-1.0	-1.5
4	0.5	1.5	-0.5	0	-1.5	2.0
5	-0.5	-1.5	-1.0	-1.5	0	-1.5
6	-2.0	2.0	-1.5	2.0	-1.5	0

表9.6　**H**行列

	1	2	3	4	5	6
1	6.0	-3.0	1.0	1.0	-1.0	-4.0
2	-3.0	-3.0	2.0	3.0	-3.0	4.0
3	1.0	2.0	3.0	-1.0	-2.0	-3.0
4	1.0	3.0	-1.0	-4.0	-3.0	4.0
5	-1.0	-3.0	-2.0	-3.0	12.0	-3.0
6	-4.0	4.0	-3.0	4.0	-3.0	2.0

9.3 数量化理論4類の適用例：その2（タレントの分析）

表9.7 2次元の数量

	I	II
1	0.133	0.709
2	−0.288	−0.175
3	−0.061	0.349
4	−0.243	−0.061
5	0.834	−0.370
6	−0.376	−0.452

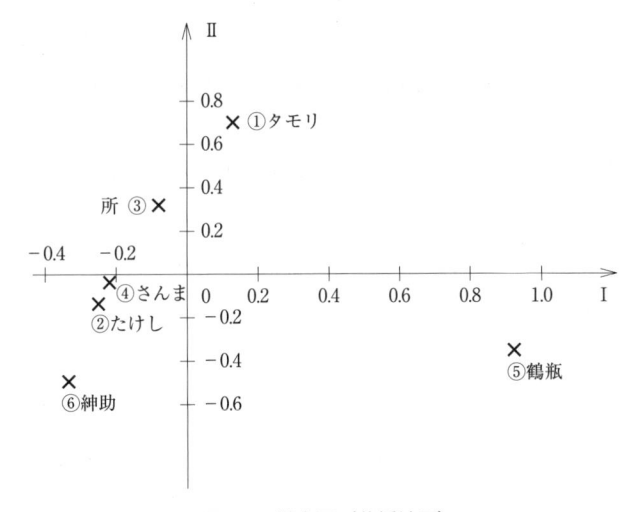

図9.2 散布図（分析結果）

　さて，この行列から（9-5）式を用いて H 行列を求める．すなわち，この親近性行列は，対称行列であるから，非対角要素は2倍し，一方，対角要素は各行の対角以外の要素の和をプラス・マイナスを入れかえて入れると表9.6のような H 行列になる．このようにして得られた H 行列の固有値問題を（9-4）式により解くと，固有値 $\beta_1 = 15.25$，$\beta_2 = 10.22$，$\beta_3 = 4.05$，…となる．そこで，β_1，β_2 が他の値より大きいので2次元の数量までとりあげると表9.7に示すようになる（β_1，β_2 に対する固有ベクトル）．こうして求めた2次元数量

113

を用いて散布図を書くと，**図 9.2** のようになった．この図からわかることは，次の点である．

(i) タモリと鶴瓶は，他のタレントから遠くはなれている．すなわち，これら 2 人のタレントは他のタレントに比べて異質なキャラクターを有しているといえる．

(ii) 特に（さんま，たけし）が互いに近い位置にいることがわかる．おそらく，アンケートに答えた学生たちにとってよく似たキャラクターにうつるのであろう．

(iii) 最大固有値（I 軸）に対する固有ベクトルにより求まる数量だけを考えると，鶴瓶だけが遠くにはなれ，他の 5 人が近傍に集まる．このことから，最も重要な要因（I 軸）から見ると，鶴瓶だけが異質なキャラクターを有していることになる．

最後に，数量化 4 類は 3 類とその手法がよく似ているが，親近性さえ与えれば，どのようなタイプのデータにも適用できるという点で，4 類の方が適用範囲が広い．ところが，親近性の与え方によって，結論が変わるという問題を内包しているといえる．

第 10 章 **主成分分析法**

　主成分分析法とは，多くの変数の値を 1 つまたは少数個の合成変量(主成分)で表す手法である．つまり，この手法は多くの変量をまとめ，現象を要約する 1 つの有効な方法である．

本章を学ぶ 3 つのポイント
① 主成分分析法は，相関のある多くの変数の値を 1 つまたは少数個の合成変量(主成分)で表す方法であることを理解すること．
② 主成分分析法では特に，固有値と固有ベクトルの概念を十分に理解すること．
③ 主成分分析法では，主成分と寄与率という概念が重要であり，そのために，両概念を十分に理解すること．

10.1　主成分分析法とは

　主成分分析とは，相関のある多くの変数の値を，1 つまたは少数個の**合成変量**（主成分）で表す方法である．その際，この合成変量の中にもとの変量の持っている情報をできるだけ多く内蔵させることが必要である．
　たとえば，各企業が行う入社試験において，学科試験と面接試験の合計得点はその会社で仕事をするうえで有用な能力を判定する 1 つの合成変量であるが，営業マンならば，面接試験に，研究所の職員ならば学科試験に大きな重みをもつ合成変量を求めることにより，仕事の分野における適性を十分に反映した評価を下すことができる．この他，人間の体格を表す指標（身長，体重，胸囲，座高等）により，それらを総合して評価したり，プロ野球の打者や投手の総合

化された指標を求めたりすることもできる．また，いろいろな体力測定の結果から，総合的健康度，いろいろな財務諸表に基づく企業の将来評価等々を求めることもできる．つまり，主成分分析とは，多くの変数の値に，異なる重みを付与して互いに独立な合成変量を求める手法といえる．したがって，この手法は，多くの変数をまとめ，現象を要約する1つの有効な方法であるといえる．

たとえば，m 人の学生がある企業の入社試験を受けたとする．受験科目は，面接や身体検査も含めて q 科目あったとする．その結果を**表10.1**のように表す．

表10.1 主成分分析法のデータ

学生のNo.(サンプル) \ 受験科目(変量)	x_1	x_2	………	x_q
1	x_{11}	x_{21}	………	x_{q1}
2	x_{12}	x_{22}	………	x_{q2}
⋮	⋮	⋮		⋮
m	x_{1m}	x_{2m}	………	x_{qm}

このようなデータから，総合的能力（この企業にとって）を示す合成変量を求めるのである．そこで，受験科目である変量 $(x_1, x_2, \cdots, x_q)$ に各係数 $(\alpha_1, \alpha_2, \cdots, \alpha_q)$ を付与する．このようにして合成変量，

$$Y = \alpha_1 x_1 + \alpha_2 x_2 + \cdots + \alpha_q x_q \tag{10-1}$$

を作る．こうして作られた合成変量 Y は，q 個の受験科目（変量）を十分に反映していなければならない．すなわち，各サンプルのちらばりの最も大きい方向にその総合的指標を見つけだそうとするのである．このことは結局，合成変量 Y の分散を最大にすることに帰着する．そこで合成変量 Y の分散を求めると次のようになる．

$$V(Y) = \frac{1}{m} \sum_{i=1}^{m} (Y_i - \overline{Y})^2$$

$$= \frac{1}{m} \sum_{i=1}^{m} \{\alpha_1(x_{1i} - \overline{x}_1) + \alpha_2(x_{2i} - \overline{x}_2) + \cdots + \alpha_q(x_{qi} - \overline{x}_q)\}$$

$$= \boldsymbol{\alpha} \boldsymbol{S} \boldsymbol{\alpha}^{\mathrm{T}} \tag{10-2}$$

ただし $\boldsymbol{\alpha} = [\alpha_1, \alpha_2, \cdots, \alpha_q]$ で $\boldsymbol{\alpha}^{\mathrm{T}}$ は $\boldsymbol{\alpha}$ の転置行列である．また，$\boldsymbol{S}$ はこのデータの q 変量による分散-共分散行列である．一方，この係数 α_i については，

$$\alpha_1^2 + \alpha_2^2 + \cdots + \alpha_q^2 = 1 \tag{10-3}$$

が成り立つ．したがって，この問題は式（10-3）の制約のもとで式（10-2）を最大にすることになる．このことは，行列 $\boldsymbol{S}$（分散-共分散）の固有値問題に帰着する．そして行列 $\boldsymbol{S}$ は，結局 q 個の固有値（$\lambda_1, \lambda_2, \cdots, \lambda_q$）をもつ．その中で，分散を最大にする合成変量 Y_1 は，最大固有値 λ_1 に対する固有ベクトルの要素を係数として，

$$Y_1 = \alpha_{11} x_1 + \alpha_{21} x_2 + \cdots + \alpha_{q1} x_q \tag{10-4}$$

と表される．この合成変量 Y_1 を**第1主成分**と呼ぶ．この Y_1 の分散は λ_1 であり，分散が最も大きい．したがって，この q 個の変量のデータを最も反映している合成変量である．

ただし，第1主成分だけでは十分にこのデータを反映できないときは，2番目に大きい固有値 λ_2 に対する固有ベクトルの要素を係数とする合成変量 Y_2，

$$Y_2 = \alpha_{12} x_1 + \alpha_{22} x_2 + \cdots + \alpha_{q2} x_q \tag{10-5}$$

を用いる．この合成変量 Y_2 を**第2主成分**と呼ぶ．以下，同じようにして，第3主成分，$\cdots$，第 q 主成分まで求めることができる．このようにして第 q 主成分まで求めることができるが，各主成分がもとのデータをどれくらい反映しているかも知りたいものである．この指標が**寄与率**である．一般に各主成分の分散は，その固有値 λ_j で表されるが，その総和である $\sum_{j=1}^{q} \lambda_j$ はもとの変量の分散の総和に等しい．そこで，第 h 番目の主成分の寄与率を，

$$K_h = \frac{\lambda_h}{\sum_{j=1}^{q} \lambda_j} \tag{10-6}$$

と定める．また第 1 〜第 h 番目までの寄与率の合計を**累積寄与率**と呼ぶ．

　さて，実際に主成分分析を用いて解析する場合には，q 個の主成分はすべて使わないで，少数個の主成分で説明しなければならない．このようなとき，どのような基準で主成分の数を決めるのであろうか？　この疑問に対する答えとして決定的な方法はないが，次の 2 つの考え方に沿って決められることが多い．1 つは，前述した累積寄与率が 80 % 以上になった主成分まで考えるということ．もう 1 つは，各変量を標準化して分析する場合（10.2 節，10.3 節の適用例参照），固有値 λ_j が 1.0 以上である主成分を採用するということである．

10.2　主成分分析法の適用例：その 1（学校の身体測定）

　主成分分析の最初の適用例として学生の身体測定値を分析することにする．データは，神戸市立高専第 4 学年（満 19 歳）の男子学生 20 名の身長，体重，胸囲，座高の測定値である．その結果は，**表 10.2** に示したとおりである．

　またこれらの各変量の平均値と分散，標準偏差は**表 10.3** に示したとおりである．

　さて，このようなデータには，異質な単位（センチメートルやキログラム）が混ざっている．そこで，各変量を平均 0，分散 1 に標準化しておいて主成分分析を行うことにする．すると，このように標準化されたデータによる分散-共分散行列は相関行列と等しくなり，分散-共分散行列の固有値問題は，**相関行列**[†]の固有値問題となる．これは，結局，合成変量のもとの説明変量との相関係数の 2 乗和の最大化に基づいて主成分を求めていることになる．

[†] **相関行列**
　　(i, j) 要素を x_i と x_j の相関係数に等しく定めた（ただし $r_{ii}=1$ とする）行列を相関行列（correlation matrix）という．

10.2 主成分分析法の適用例：その1（学校の身体測定）

表10.2 主成分分析法のデータ

データNo.＼変量	身長(cm)	体重(kg)	胸囲(cm)	座高(cm)
1	182.0	67.5	85.1	93.7
2	176.3	63.5	83.5	93.0
3	179.0	63.0	87.0	96.3
4	172.8	88.0	101.0	94.1
5	170.0	61.5	83.0	91.8
6	164.5	58.5	83.5	88.5
7	170.6	57.0	83.0	88.1
8	170.4	79.0	98.0	92.5
9	165.0	63.3	89.5	89.7
10	172.5	66.0	91.4	91.4
11	173.6	62.5	88.2	92.0
12	176.3	64.0	87.0	97.0
13	170.5	60.5	84.0	88.5
14	161.0	63.0	86.0	87.2
15	173.0	65.0	84.0	91.0
16	166.8	70.0	93.5	86.2
17	171.0	62.0	84.0	88.4
18	175.5	69.5	92.5	94.5
19	176.3	73.5	102.8	91.0
20	169.0	77.5	94.5	95.4

表10.3 平均，分散，標準偏差

	平均	分散	標準偏差
身長(X_1)	171.91	26.03	5.10
体重(X_2)	66.74	58.61	7.66
胸囲(X_3)	89.08	38.13	6.18
座高(X_4)	91.52	9.59	3.10

119

表 10.4 相関行列

	身長(X_1)	体重(X_2)	胸囲(X_3)	座高(X_4)
身長(X_1)	1.0	0.133	0.068	0.683
体重(X_2)	0.133	1.0	0.868	0.381
胸囲(X_3)	0.068	0.868	1.0	0.230
座高(X_4)	0.683	0.381	0.230	1.0

表 10.5 変量と主成分

変量 \ 主成分	1	2	3	4
身長(X_1)	0.373	0.636	0.665	-0.120
体重(X_2)	0.579	-0.382	-0.088	-0.715
胸囲(X_3)	0.531	-0.473	0.272	0.649
座高(X_4)	0.494	0.475	-0.690	0.231
固有値	2.208	1.379	0.301	0.112
寄与率	0.552	0.345	0.075	0.028
累積寄与率	0.552	0.897	0.972	1.000

そこで，これらのデータによる各変量間の相関行列を計算すると，**表 10.4**に示したとおりになる．この相関行列の固有値問題を解く．すると，4つの固有値，$\lambda_1, \lambda_2, \lambda_3, \lambda_4$ が得られる．その中で，最大固有値 λ_1 は 2.208 となる．この最大固有値 λ_1 に対する固有ベクトルの要素を係数とした合成変量は，もとの説明変量との相関係数の 2 乗和を最大にするのである．この合成変量をすでに述べたように第 1 主成分とする．結局この第 1 主成分の分散は，最大固有値 $\lambda_1 = 2.208$ で，分散がもっとも大きい．したがってこの 4 つの変量（身長，体重，胸囲，座高）をもっともよく代表しているといえる．

しかし，第 1 主成分だけでは，もとのデータを十分に代表しきれないときのために，別の合成変量を考える．そこで，2 番めに大きい固有値 $\lambda_2 = 1.379$ に対する固有ベクトルの要素を係数とした合成変量を考える．これを第 2 主成分とする．以下，同様にして，3 番めに大きい固有値 λ_3，4 番目に大きい固有値 λ_4 をもとにした第 3 主成分，第 4 主成分を求める．

このようにして求めた，第 1 主成分から第 4 主成分までの固有値ならびに固

有ベクトルの要素（各合成変量の係数）の一覧表は**表10.5**に示したとおりである．なお，各主成分の寄与率と累積寄与率も同時に付記した．

この主成分分析において，採用する主成分の数は，その選択基準から，第1主成分，第2主成分の2つとする．さて，この第1主成分，第2主成分の解釈は表10.5の結果から次のようになる．

(1) 第1主成分

第1主成分に対する固有値は2.208であり，寄与率は55.2％である．すなわち，データの約55％が，この第1主成分で説明できるのである．さて，

表10.6 主成分分析法の結果

主成分 データNo.	1	2	3	4
1	0.810	1.873	0.657	−0.565
2	−0.159	1.377	0.046	−0.277
3	0.828	1.977	−0.178	0.320
4	3.118	−1.453	−0.166	−0.564
5	−1.005	0.545	−0.506	−0.085
6	−2.117	−0.536	−0.430	0.131
7	−1.892	0.277	0.449	0.045
8	1.749	−1.319	−0.151	−0.101
9	−1.011	−0.988	−0.424	0.390
10	0.176	−0.072	0.227	0.288
11	−0.187	0.577	0.136	0.298
12	0.818	1.698	−0.697	0.342
13	−1.485	0.075	0.350	−0.145
14	−2.025	−1.588	−0.538	−0.042
15	−0.563	0.546	0.067	−0.437
16	−0.587	−1.941	0.690	−0.119
17	−1.351	0.047	0.421	−0.304
18	1.250	0.519	−0.065	0.238
19	1.937	−0.907	1.227	0.666
20	1.695	−0.706	−1.117	−0.079

この固有ベクトルの各要素である係数は，すべて正であり約 0.5 前後の値である．したがって，合成変量は，（標準化された）各変量の和に似た形となり，4 つの変量の中で，どの変量が大きくなっても，この主成分の値は大きくなる．つまり，第一主成分は全体的な体の大きさを示す主成分と考えられる．

(2) 第 2 主成分

第 2 主成分に対する固有値は 1.379 であり，寄与率は 34.5 % である．すなわち，データの約 35 % がこの第 2 主成分で説明できるのである．また，累積寄与率は 89.7 % であるから，第 1，第 2 主成分で全体の約 90 % を説明していることになる．さて，この第 2 主成分の固有ベクトルの各要素である係数は，身長と座高でプラス，体重と胸囲でマイナスになる．したがって，第 2 主成分の値は，細く背の高い人で大きく，太って背の低い人で小さくな

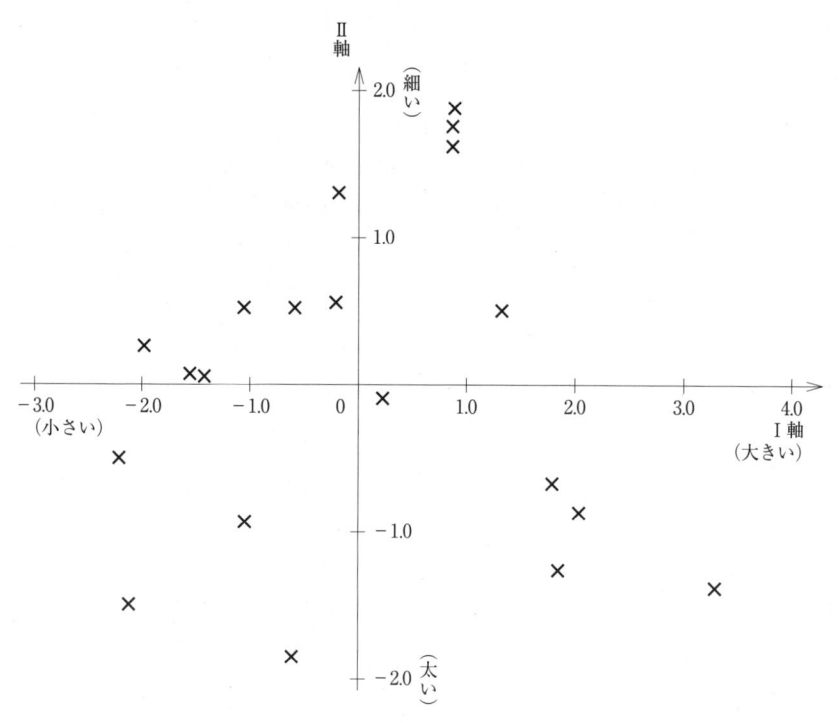

図 10.1 第 1, 2 主成分による可視化

る．つまり，第2主成分は，やせているか，太っているかを示す主成分と考えられる．

次に，各固有ベクトルの要素より，各主成分の値を計算した結果を示すと**表10.6**のようになる．この中で，この主成分分析で取り上げた第1，第2主成分の値を図示すると，**図10.1**のようになる．この図を見ると，Ⅰ軸に沿って，右の方に位置する学生は，体の大きい人，反対に左の方に位置する学生は，体の小さい人となる．一方，Ⅱ軸に沿って上の方に位置する学生は，やせている人，反対に下の方に位置する学生は，太っている人となる．

10.3　主成分分析法の適用例：その2（投手の成績）

主成分分析法の2番目の適用例としてプロ野球の投手の成績を分析することにする．データは，2008年度パ・リーグ18人の投手の成績（勝数，投球回数，試合数，三振奪取数）とする．その結果は，**表10.7**に示したとおりである．また，これらの各変量の平均値と分散，標準偏差は**表10.8**に示したとおりである．

さて，このようなデータには，異質な単位（勝数，回数等々）が混ざっている．そこで，各変量を平均0，分散1に標準化しておいて主成分分析を行うことにする．このように標準化されたデータによるとこの分析は10.2節の適用例と同じように，相関行列の固有値問題となる．

そこで，これらのデータによる各変量間の相関行列を計算すると，**表10.9**に示したようになる．この相関行列の固有値問題を解くと，4つの固有値 λ_1，λ_2，λ_3，λ_4 が得られる．その中で，最大固有値 λ_1 は，2.300 となる．この最大固有値 λ_1 に対する固有ベクトルの要素を係数とした合成変量は，もとの説明変量との相関係数の2乗和を最大にするものである．この合成変量を第1主成分とする．つまり，この第1主成分の分散は，最大固有値 $\lambda_1 = 2.300$ で，分散がもっとも大きくなる．したがってこの4つの変量（勝数，投球回数，試合数，三振奪取数）をもっともよく代表しているといえる．

しかし，第1主成分だけでは，もとのデータを十分に反映しきれないときのために，別の合成変量を考える．そこで，2番目に大きい固有値 $\lambda_2 = 1.044$ に

第10章 主成分分析法

表10.7 主成分分析法のデータ

データNo. 変量	勝 数	投球回数	試合数	三振奪取数
① 岩　　　隈(楽)	21	201	28	159
② ダルビッシュ(日)	16	200	25	208
③ 小　　　松(オ)	15	172	36	151
④ 帆　　　足(西)	11	174	27	115
⑤ 杉　　　内(ソ)	10	196	25	123
⑥ 大　　　隣(ソ)	11	155	22	138
⑦ 成　　　瀬(ロ)	8	150	22	119
⑧ 山　　　本(オ)	10	154	30	90
⑨ 　岸　　　(西)	12	168	26	138
⑩ 近　　　藤(オ)	10	149	25	89
⑪ スウィーニー(日)	12	163	28	90
⑫ 田　　　中(楽)	9	172	25	159
⑬ 和　　　田(ソ)	8	162	23	123
⑭ グ　リ　ン(日)	7	163	26	99
⑮ 清　　　水(ロ)	13	165	25	108
⑯ 涌　　　井(西)	10	173	25	122
⑰ 金　　　子(オ)	10	165	29	126
⑱ 渡　　　辺(ロ)	13	172	26	104

表10.8 平均, 分散, 標準偏差

	平均	分散	標準偏差
勝　　数(X_1)	11.44	11.20	3.35
投球回数(X_2)	169.67	241.76	15.55
試　合　数(X_3)	26.28	10.57	3.25
三振奪取数(X_4)	125.61	912.60	30.21

10.3 主成分分析法の適用例：その2（投手の成績）

表 10.9 相関行列

	勝　数 (X_1)	投球回数 (X_2)	試合数 (X_3)	三振奪取数 (X_4)
勝　数 (X_1)	1.0	0.652	0.388	0.518
投球回数 (X_2)	0.652	1.0	0.144	0.659
試合数 (X_3)	0.388	0.144	1.0	0.016
三振奪取数 (X_4)	0.518	0.659	0.016	1.0

表 10.10 変量と主成分

変量 ＼ 主成分	1	2	3	4
勝　数 (X_1)	0.573	0.190	0.554	−0.573
投球回数 (X_2)	0.580	−0.197	0.245	0.751
試合数 (X_3)	0.242	0.878	−0.378	0.167
三振奪取数 (X_4)	0.526	−0.393	−0.700	−0.281
固有値	2.300	1.044	0.368	0.288
寄与率	0.575	0.261	0.092	0.072
累積寄与率	0.575	0.836	0.928	1.000

対する固有ベクトルの要素を係数とした合成変量を考える．これを第2主成分とする．以下，同様にして，3番目に大きい固有値 $\lambda_3 = 0.368$，4番目に大きい固有値 $\lambda_4 = 0.288$ をもとにして第3主成分，第4主成分を求める．

このようにして求めた，第1主成分から第4主成分までの固有値ならびに固有ベクトルの要素（各合成変数の係数）の一覧表は**表 10.10** に示したとおりである．なお，各主成分の寄与率と累積寄与率も同時に付記した．また，この主成分分析において，採用する主成分の数は，その選択基準から，第1主成分，第2主成分の2つとする．

さて，この第1主成分，第2主成分の解釈は，表10.10の結果から次のようになる．

(1) 第1主成分

第1主成分に対する固有値は2.300であり寄与率は57.5％である．すなわち，データの約58％が，この第1主成分で説明できるのである．さて，こ

の固有ベクトルの各要素である係数は，すべて正であり，試合数以外 0.5 強の値である．したがって，4 つの変量のなかでどの変量が大きくなっても，この主成分の値は大きくなる．つまり，第 1 主成分は全体的な活躍の度合を示す主成分と考えられる．

(2) 第 2 主成分

第 2 主成分に対する固有値は 1.044 であり，寄与率は 26.1％ である．すなわち，データの約 26％ がこの第 2 主成分で説明できるのである．また，累積寄与率は 83.6％ であるから，第 1，第 2 主成分で全体の約 84％ を説明していることになる．さて，この第 2 主成分の固有ベクトルの各要素である

表 10.11 主成分分析法の結果

データNo. 主成分	1	2	3	4
① 岩　　隈（楽）	−1.816	−0.858	−0.169	−0.077
② ダルビッシュ（日）	2.370	−0.281	0.132	−0.028
③ 小　　松（オ）	1.905	0.275	−0.619	−0.214
④ 帆　　足（西）	1.136	0.172	0.104	−0.078
⑤ 杉　　内（ソ）	1.587	−0.106	−0.148	−0.138
⑥ 大　　隣（ソ）	−0.373	−0.895	−0.812	−0.176
⑦ 成　　瀬（ロ）	−2.249	−0.464	1.001	−0.426
⑧ 山　　本（オ）	0.582	−0.013	1.035	−0.574
⑨ 　岸　　（西）	−1.491	0.455	0.500	−0.288
⑩ 近　　藤（オ）	−0.602	3.011	0.071	0.536
⑪ スウィーニー（日）	3.235	−0.707	0.954	0.469
⑫ 田　　中（楽）	−0.668	−0.207	−0.826	0.145
⑬ 和　　田（ソ）	0.069	0.071	−1.191	−0.239
⑭ グ　リ　ン（日）	−0.737	−0.439	0.088	1.005
⑮ 清　　水（ロ）	−1.932	−1.046	0.038	0.201
⑯ 涌　　井（西）	−0.835	−0.849	0.065	0.433
⑰ 金　　子（オ）	0.968	0.440	−0.381	−0.330
⑱ 渡　　辺（ロ）	−1.149	1.443	0.159	−0.221

10.3 主成分分析法の適用例：その 2（投手の成績）

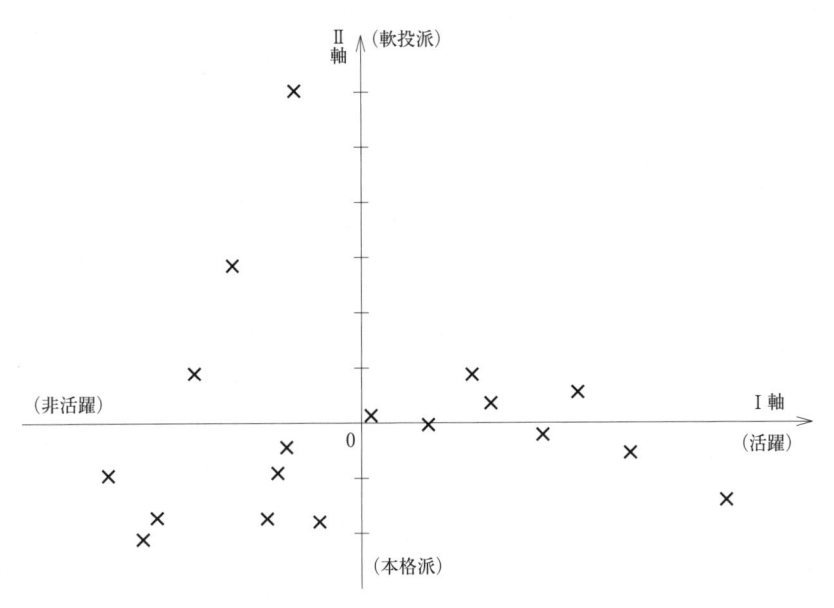

図 10.2 第 1，2 主成分による可視化

係数は，試合数でプラス，三振奪取数でマイナスとなる．勝数，投球回数はほとんどゼロであり無関係といえる．したがって，第 2 主成分の値は，試合数が多く，三振奪取数の少ない選手で大きく，試合数が少なく，三振奪取数の多い選手で小さくなる．つまり，第 2 主成分は，軟投派やセーブ投手のグループか，本格派投手のグループかを示す主成分といえる．

次に，各固有ベクトルの要素より，各主成分の値を計算した結果を示すと**表 10.11** のようになる．この中で，この主成分分析で取り上げた第 1，第 2 主成分の値を図示すると，**図 10.2** のようになる．この図を見ると，I 軸は活躍を表す（実力度）指標と考えれらる．

一方，II 軸に沿って上の方に位置する選手は，軟投派やセーブ投手に属し，反対に下の方に位置する選手は本格派投手に属する．

第11章 因子分析法

　因子分析法とは，多くの変数の値をいくつかの因子によって説明する手法である．つまり，この手法は現象の背後にある事実を明らかにするためのもので，その説明因子の解釈に重きをおく方法といえる．

> **本章を学ぶ3つのポイント**
> ① 因子分析法とは，多くの変数の値をいくつかの因子によって説明すること，すなわち因子を分解するという操作を行っている手法であることを理解すること．
> ② 因子分析法では特に，固有値と固有ベクトルの概念を十分に理解すること．
> ③ 因子分析法は，主成分分析法の概念とどこが違うかを明確に理解すること．

11.1 因子分析法とは

　第10章で述べた主成分分析は，多くの変数の値を1つまたは少数個の合成変量（主成分）で表す方法であった．つまり，この手法は多くの変量をまとめ，現象を要約する1つの有効な方法であった．一方，本章で扱う因子分析は，多くの変数の値をいくつかの因子によって説明する方法である．つまり，この手法は現象の背後にある事実を明らかにするためのもので，その説明因子の解釈に重きをもつ方法である．
　たとえば，政治家や芸能人やスポーツ選手に対する好みも人によってまちまちである．阪神ファンの人が阪神に所属する選手をすべて好きになるとは限ら

ず，その人の年齢，性格，職業，趣味などによって阪神の選手の中にも嫌いな選手がいる場合もあり，一方，巨人の選手の中にも好きな選手がでてくる場合もある．そこで，野球選手に対する好みの調査から，それらに関係する因子が何種類あってどんな因子なのかを探りだすのである．

つまり，因子分析法とはいろいろな現象の間の相関関係を見いだし，それらの現象の背後にある**共通因子**を探り出し，解析する方法といえる．

たとえば，学校の先生の好みを学生に調査した場合を考えよう．著者も教職に身を置く立場なので気になるテーマである．m 人の学生にその学校の先生 q 人に対する好みを調査したとする．その結果を**表11.1**のように表す．

表11.1 因子分析法のデータ

学生のNo.(サンプル) \ 先生のNo.(変量)	x_1	x_2	………	x_q
1	x_{11}	x_{21}	………	x_{q1}
2	x_{12}	x_{22}	………	x_{q2}
⋮	⋮	⋮		⋮
m	x_{1m}	x_{2m}	………	x_{qm}

これらのデータは，好き（3点），どちらでもない（2点），嫌い（1点）のように表すものとする．

このような調査を行うと，それらのデータの間に相関が見られることが多い．そこで因子分析ではその相関を共通因子で解釈しようとする．この例では q 個の変量（各先生方）の相関を説明するため，l 個の共通因子を考えて以下に示すようなモデルを考える．

$$\left.\begin{array}{l} x_{1i} = \alpha_{11} f_{1i} + \cdots + \alpha_{1l} f_{li} + e_{1i} \\ \cdots\cdots\cdots\cdots\cdots\cdots\cdots\cdots\cdots \\ x_{qi} = \alpha_{q1} f_{1i} + \cdots + \alpha_{ql} f_{li} + e_{qi} \end{array}\right\} \quad (i=1, 2, \cdots, m) \tag{11-1}$$

行列を用いて表せば，

11.1 因子分析法とは

$$x_i = \alpha f_i + e_i \quad (i=1, 2, \cdots, m) \tag{11-2}$$

となる．

ここで f_i は**共通因子** f のサンプル i の**因子得点**であり，α は共通因子 f に対する変量 x の関連の強さを表すもので**因子負荷量**と呼ばれる．また e_i は変量 x 独自の変動を表す**特殊因子**である．

ところで，共通因子 f（l 個）の間の相関について，互いに相関がないと仮定する場合（直交解）と，相関があると仮定する場合（斜交解）がある．直交解と仮定すると因子負荷量 α と特殊因子の分散 d^2 により次のような式が成立する．

$$1 = h^2 + d^2, \quad h^2 = \alpha_1^2 + \alpha_2^2 + \cdots + \alpha_l^2 \tag{11-3}$$

この中で h^2（すなわち共通因子負荷量の平方和）は共通性と呼ばれ，共通因子による変動を表す．一方 d^2（特殊因子の分散）は特殊性と呼ばれ，共通性の値が大きくなれば，当然，特殊性は小さくなる．

さて実際の問題を適用するとき共通因子数 l をどのようにして決めるのであろうか．実用上よく使われる基準として次の2つがある．1つは q 個の変量間の相関行列の固有値のなかで1より大きい固有値の数である．いま1つは，この相関行列の対角要素に共通性の値 h^2 を代入した行列の正の固有値の数である．はじめの基準は主成分分析のときに用いたものと同じである．なお，両基準とも明確に1.0や正で区切るのではなく，その前後で大きく値が変化するところで切るべきである．

このようにして共通因子数 l が決まると，データを（11-1）式のモデルにあてはめ因子負荷量を推定する．この方法としては，**主因子分析法，正準因子分析法，最尤（さいゆう）法，最小2乗法，セントロイド法**等々があるが，第10章の主成分分析との関係から主因子分析法が最も適当と思われる．したがって，後の適用例においては，すべてこの主因子分析法を用いて計算する（なお，数学的説明は省略する）．

このようにして，因子負荷量が計算されるとその値にしたがって各共通因子の解釈を行う．解釈は，因子負荷量の大きさと符号（＋－）によって行う．ま

た解釈が困難なときは因子軸の回転を行うことも可能である．ところで，ある共通因子が全体のデータをどれくらい説明できるかを表す指標，寄与率も解釈の参考にするとよい．このように解釈された各共通因子の傾向を各サンプルがどのくらい持っているかを表したものが因子得点である．この大きさは（標準化された）各変量にその因子負荷量を相乗することで推定される．

11.2　因子分析法の適用例：その1（野球人の好み）

因子分析の最初の適用例として，プロ野球人の好みの調査より，その要因を分析することにする．データは，1986年6月に，プロ野球人10名に対する好

表11.2　データ表

変量 サンプル	長嶋	吉田	王	江夏	落合	バース	野村	川上	江川	掛布
1	2	3	1	2	3	2	3	2	1	2
2	3	1	1	3	3	1	1	1	3	1
3	3	2	2	3	3	2	3	2	3	3
4	2	1	2	3	3	2	3	2	3	1
5	3	3	2	3	3	3	2	1	3	3
6	2	2	2	2	2	2	2	2	2	2
7	3	3	3	1	1	3	1	3	2	3
8	3	2	1	1	2	2	2	2	1	3
9	3	3	2	3	3	3	3	2	3	2
10	3	3	1	3	2	3	2	1	1	3
11	2	3	1	3	3	3	1	1	1	2
12	3	2	3	3	3	2	1	2	1	3
13	1	2	1	2	3	3	2	1	3	3
14	3	3	1	3	3	2	3	1	1	3
15	3	3	2	3	3	2	3	2	3	3

き嫌いについて 15 名（神戸市立高専学生 19 歳）に意識調査をした結果である（**表 11.2**）．なおデータ表の数字は，好き（3 点），どちらでもない（2 点），嫌い（1 点）である．

まずこれら 10 人の野球人の人気度を表す平均得点値と，人気のばらつきを表す分散，標準偏差の一覧表を**表 11.3** に示す．この表より明らかなように人気の上位 3 人は，落合（2.667），長嶋（2.6），江夏（2.533）であり，下位には王（1.667），川上（1.667）がいる．一方，人気のバラツキが小さい野球人は，落合（0.381），バース（0.381）であり，好き・嫌いの差が大きい野球人は江川（0.838）である．

さてこのようなデータに基づいて各変量（10 人の野球人）間の相関行列を求めた．その結果は**表 11.4** に示すとおりである．この表より比較的相関の高い（相関係数が 0.5 以上）野球人間の組み合わせは次のようである．

(i) 　江夏　↔　落合　　（0.727）
(ii) 　吉田　↔　バース　（0.628）
(iii) 　吉田　↔　掛布　　（0.548）
(iv) 　王　　↔　江川　　（0.503）

江夏と落合の相関の高さは，両者の日頃の発言内容から十分推察がつく．他

表 11.3　平均値，分散，標準偏差

	平均値	分　散	標準偏差
長　嶋	2.600	0.400	0.632
吉　田	2.400	0.543	0.737
王	1.667	0.524	0.724
江　夏	2.533	0.552	0.743
落　合	2.667	0.381	0.617
バース	2.333	0.381	0.617
野　村	2.133	0.695	0.834
川　上	1.667	0.524	0.724
江　川	2.133	0.838	0.915
掛　布	2.467	0.552	0.743

表11.4 相関行列（対称行列である）

	長嶋	吉田	王	江夏	落合	バース	野村	川上	江川	掛布
長嶋	1.0	0.215	0.312	0.182	-0.183	-0.183	-0.027	0.156	-0.025	0.274
吉田	0.215	1.0	0	-0.026	-0.157	0.628	0.140	0.134	-0.508	0.548
王	0.312	0	1.0	-0.044	-0.267	0.107	-0.158	0.455	0.503	0.177
江夏	0.182	-0.026	-0.044	1.0	0.727	-0.104	0.223	-0.443	0.308	-0.224
落合	-0.183	-0.157	-0.267	0.727	1.0	-0.250	0.370	-0.426	0.337	-0.260
バース	-0.183	0.628	0.107	-0.104	-0.250	1.0	-0.093	0.107	-0.211	0.415
野村	-0.027	0.140	-0.158	0.223	0.370	-0.093	1.0	0.316	-0.025	0.008
川上	0.156	0.134	0.455	-0.443	-0.426	0.107	0.316	1.0	-0.036	-0.089
江川	-0.025	-0.508	0.503	0.308	0.337	-0.211	-0.025	-0.036	1.0	-0.098
掛布	0.274	0.548	0.177	-0.224	-0.260	0.415	0.008	-0.089	-0.098	1.0

の3つのケースは同チームに所属した監督と選手である．

一方，負の相関のやや高い（相関係数が -0.4 以下）野球人間の組合せは次のようである．

(i) 吉田 ↔ 江川 （-0.508）
(ii) 江夏 ↔ 川上 （-0.443）
(iii) 落合 ↔ 川上 （-0.426）

吉田と江川は阪神ファンと巨人ファンの典型的な違いがでてきたのであろう．また江夏・落合と川上は両者の人生哲学の大きな違いによるものであろう．もし，川上が監督をしているチームに江夏・落合が選手として在籍していたら，両選手ともまともに使ってもらえなかったに違いない．

次に，この相関行列に対する固有値を求めると，

$$\lambda_1 = 2.791, \lambda_2 = 1.900, \lambda_3 = 1.636, \lambda_4 = 1.334,$$
$$\lambda_5 = 1.091, \lambda_6 = 0.682, \lambda_7 = 0.244, \cdots\cdots$$

となる．したがって，固有値の大きさが1以上という基準により，共通因子数 $l=5$ となる．もう1つの基準により検討しても妥当な結果となる．

そこで因子数を5として**主因子分析法**により因子負荷量と共通性を計算した．その結果は**表11.5**に示したとおりである．なおこの結果をわかりやすく表すために，5つの因子ごとに，因子負荷量0.2以上の値をもつプロ野球人を**図11.1**に，その大きさの順に並べた．

そこで，表11.5，図11.1をもとにして，これらの因子がどのような内容を表しているかを考えてみよう．

(i) 第Ⅰ因子（寄与率 27.91%）

落合，江夏，江川の順に高い負荷量を示し個性の強い因子を表している．3人とも歯に衣きせぬ調子で言いたい放題で，練習をあまりしない．しかし，成績は超一流の結果を出す．

(ii) 第Ⅱ因子（寄与率 19.0%）

冒頭で述べたとおり，このアンケートは1986年6月に実施した．したがってアンケートに答えた学生の頭には，1985年度の結果が鮮明に記憶として残っている．つまり吉田，バース，落合の順に高い負荷量を示

第11章　因子分析法

表11.5　変量と因子

変量＼因子	I	II	III	IV	V	共通性
長嶋	−0.202	−0.151	0.504	−0.069	0.637	0.727
吉田	−0.618	0.548	0.327	0.099	−0.009	0.798
王	−0.257	−0.631	0.516	−0.141	−0.170	0.778
江夏	0.652	0.302	0.551	−0.042	0.050	0.824
落合	0.760	0.326	0.274	0.132	−0.140	0.796
バース	−0.553	0.349	0.149	−0.108	−0.487	0.699
野村	0.147	0.200	0.276	0.746	−0.042	0.697
川上	−0.482	−0.518	0.095	0.622	−0.074	0.902
江川	0.452	−0.506	0.391	−0.202	−0.325	0.760
掛布	−0.572	0.273	0.385	−0.280	−0.002	0.628

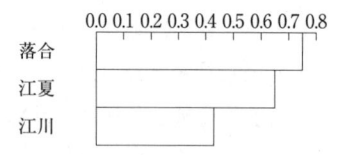

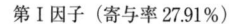

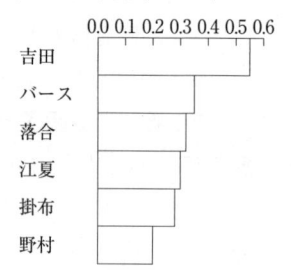

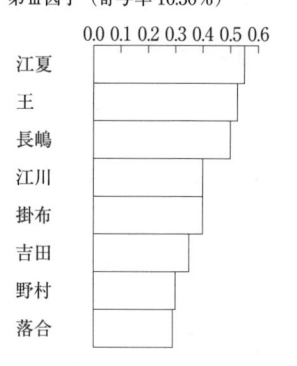

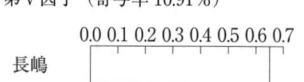

図11.1　各因子別寄与率

し，1985年度をにぎわした野球人の因子である．ただし江夏が4番目に位置しているのは1985年度の初めに大リーグへの挑戦を試みたからであろう．

(ⅲ) 第Ⅲ因子（寄与率 16.36 %）

このアンケートの対象となった10人の全員がプラスの負荷量を示している．したがって全員に共通した指標として過去の実績度・人気度の総合的評価を表す因子と考えられる．

江夏，王，長嶋の順に高い負荷量を示し，妥当な結果であると思われる．川上が最下位に位置するのは，被験者の年齢（19歳位）によるものであろう．また落合，バースが比較的下位にいるのは，まだ日本のプロ野球に根をはやしていなかったからであろう．

(ⅳ) 第Ⅳ因子（寄与率 13.34 %）

野村，川上の順に高い負荷量を示している．両者とも考える野球を導入した野球人であり，選手だけでなく監督としても成功したのである．したがってこの指標は，考える野球をチームにどれくらい浸透させたかを表す因子である．落合が3番目に位置しているのがおもしろい．自分の頭の良さをチームに浸透させていたのであろうか．また江夏やバースがマイナスなのは，抜群の頭を自分のプレーにだけ使っていたからなのかもしれない．

(ⅴ) 第Ⅴ因子（寄与式 10.91 %）

長嶋の負荷量だけが突出（0.637）して，他の野球人はほとんど全員（江夏だけがわずかに +0.05 である）がマイナスである．したがって，この指標は長嶋だけが持っていて他の人は持っていないものであろう．ずばりそれは，カリスマ性を表す因子である．長嶋は，天覧試合における劇的なサヨナラホームランを初め，数々のドラマとロマンを演じてくれた戦後最大の英雄であろう．また江夏にだけプラスがあったのは，近鉄との日本シリーズにおける奇跡の21球がきいたのであろう．

なお，この5つの因子において，同じ因子に高い負荷量を有している野球人は，ほぼ同じファン層を持ち，異なる因子において高い負荷量を有している野球人は，異なるファン層をもつことを示している．

11.3　因子分析法の適用例：その2（タレントの好み）

因子分析の2番目の適用例としてタレント（現役・故人などを含む）の好みの調査より，その要因を分析することにする．データは，タレント10名に対する好き嫌いについて15名の学生に意識調査をした結果である．(**表11.6**)．なお，データ表の数字は，好き（3点），どちらでもない（2点），嫌い（1点）である．

まず，これら10名のタレントの人気度を表す平均得点値と，人気のばらつきを表す分散，標準偏差の一覧表を**表11.7**に示す．この表からわかるように，人気の上位はタモリ（2.2），上岡龍太郎（2.133）であり，下位は明石家さん

表11.6　因子分析法のデータ

変量 サンプル	タモリ	ビートたけし	明石家さんま	所ジョージ	志村けん	桂文珍	上岡龍太郎	桂三枝	横山やすし	西川きよし
1	2	2	1	2	2	1	3	1	2	2
2	2	1	1	1	2	1	2	2	1	2
3	2	1	1	1	1	2	3	2	1	2
4	2	1	1	1	2	3	2	3	1	2
5	1	1	1	2	2	2	2	1	3	2
6	3	1	2	2	2	2	2	1	1	2
7	3	2	1	1	1	2	3	3	2	2
8	2	2	1	1	1	3	3	3	1	2
9	2	1	1	2	2	3	3	3	3	3
10	3	1	1	2	2	2	3	2	1	1
11	2	1	1	3	3	2	1	2	1	2
12	2	3	1	3	2	1	1	1	2	1
13	2	2	3	1	3	3	1	2	1	2
14	3	1	1	1	3	2	1	2	2	2
15	2	2	1	2	2	1	2	2	1	2

11.3 因子分析法の適用例：その2（タレントの好み）

表11.7 平均値，分散，標準偏差

	平均値	分散	標準偏差
タ モ リ	2.2	0.314	0.561
ビートたけし	1.467	0.410	0.640
明石家さんま	1.2	0.314	0.561
所 ジョージ	1.667	0.524	0.724
志 村 け ん	2.0	0.571	0.756
桂 文 珍	2.0	0.571	0.756
上 岡 龍 太 郎	2.133	0.695	0.834
桂 三 枝	2.0	0.571	0.756
横山やすし	1.533	0.552	0.743
西川きよし	1.933	0.210	0.458

ま（1.2），ビートたけし（1.467）である．また，人気のばらつきが小さいタレントは，西川きよし（0.210）であり，好き嫌いの差が大きいタレントは上岡龍太郎（0.695）である．

さて，このようなデータに基づいて各変量（10人のタレント）間の相関行列を求めた．その結果は**表11.8**に示すとおりである．この表より比較的相関の高いタレント間の組み合わせは次のようである．

　(i) 桂文珍・桂三枝　　　（0.625）
　(ii) 桂文珍・西川きよし（0.413）
　(iii) 桂三枝・西川きよし（0.413）

一方，負の相関の高いタレント間の組み合わせは次のようである．

　(i) 志村けん・上岡龍太郎　（−0.68）
　(ii) 所ジョージ・桂三枝　　（−0.522）
　(iii) 所ジョージ・桂文珍　　（−0.39）

次に，この相関行列に対する固有値を求め，2つの基準に基づいて共通因子数を検討した．その結果，共通因子の数は6と決まった．

そこで因子数を6として主因子分析法により因子負荷量と共通性を計算した．その結果は**表11.9**に示すとおりである．

第11章 因子分析法

表11.8 相関行列（対称行列である）

	タモリ	ビートたけし	明石家さんま	所ジョージ	志村けん	桂文珍	上岡龍太郎	桂三枝	横山やすし	西川きよし
タモリ	1.0	−0.080	0.091	−0.176	−0.169	0.000	0.092	0.169	−0.274	−0.223
ビートたけし	−0.080	1.0	0.119	0.206	0.000	−0.295	−0.125	−0.148	0.040	−0.374
明石家さんま	0.091	0.119	1.0	−0.175	0.169	0.337	−0.367	−0.169	−0.274	0.056
所ジョージ	−0.176	0.206	−0.176	1.0	0.261	−0.392	−0.276	−0.522	0.221	−0.287
志村けん	−0.169	0.000	0.169	0.261	1.0	−0.125	−0.680	−0.125	0.000	0.000
桂文珍	0.000	−9.295	0.337	−0.392	−0.125	1.0	0.113	0.625	0.000	0.413
上岡龍太郎	0.092	−0.125	−0.367	−0.276	−0.680	0.113	1.0	0.340	0.108	0.212
桂三枝	0.169	−0.148	−0.169	−0.522	−0.125	0.625	0.340	1.0	−0.127	0.413
横山やすし	−0.274	0.040	−0.274	0.221	0.000	0.000	0.108	−0.127	1.0	0.322
西川きよし	−0.223	−0.374	0.056	−0.287	0.000	0.413	0.212	0.413	0.322	1.0

11.3 因子分析法の適用例：その2（タレントの好み）

表11.9 変量と因子

変量＼因子	I	II	III	IV	V	VI	共通性
タモリ	0.0969	−0.0403	−0.4088	−0.0434	−0.2021	−0.0971	0.2303
ビートたけし	−0.4270	−0.0686	−0.2738	−0.0626	0.7716	−0.0875	0.8690
明石家さんま	−0.0204	0.7654	−0.3308	0.4243	0.1096	−0.1618	0.9139
所ジョージ	−0.5655	−0.0745	0.2634	−0.0526	0.0631	0.2038	0.4430
志村けん	−0.3717	0.6023	0.3384	−0.4477	−0.0700	−0.0407	0.8224
桂文珍	0.7757	0.4519	−0.0750	0.1150	0.1284	0.5022	1.0935
上岡龍太郎	0.4935	−0.6290	−0.0825	0.2000	0.0408	−0.0341	0.6888
桂三枝	0.8933	0.0126	−0.1762	−0.5948	0.1819	−0.0859	1.2234
横山やすし	−0.0040	−0.1915	0.5386	0.1036	0.2530	0.1704	0.4306
西川きよし	0.6663	0.1797	0.6740	0.2008	0.1197	−0.3400	1.1008

なお，この結果をわかりやすく表すために，6つの因子ごとに，因子負荷量0.2以上の値をもつタレントを**図11.2**に，その大きさの順に並べた．

このようにして，因子負荷量が計算されるとその値に従って各共通因子の解釈を行う．ところで，ある共通因子が全体のデータをどれくらい説明できるかを表す指標，寄与率も解釈の参考にするとよい．

(i) 第I因子（寄与率27.87％）

桂三枝，桂文珍，西川きよし，上岡龍太郎の順に高い負荷量を示している．したがって，関西のタレントを表す因子であるといえる．

(ii) 第II因子（寄与率17.97％）

明石家さんま，志村けん，桂文珍の順に高い負荷量を示している．したがって，軟派のお笑いタレントを表す因子であるといえる．ファン層は，子供から老人まで広くおよんでいることであろう．

(iii) 第III因子（寄与率16.53％）

西川きよし，横山やすし，志村けん，所ジョージの順に高い負荷量を示している．したがって，2人ペアのお笑いで仕事を行うタレントを表す因子であるといえる．

(iv) 第IV因子（寄与率9.94％）

第 11 章　因子分析法

第 I 因子

| | 0.00 | 0.02 | 0.04 | 0.06 | 0.08 | 1.00 |

桂　三枝
桂　文珍
西川きよし
上岡龍太郎

第 IV 因子

| | 0.00 | 0.02 | 0.04 | 0.06 |

明石家さんま
上岡龍太郎
西川きよし

第 II 因子

| | 0.00 | 0.02 | 0.04 | 0.06 | 0.08 |

明石家さんま
志村　けん
桂　文珍

第 V 因子

| | 0.00 | 0.02 | 0.04 | 0.06 | 0.08 |

ビートたけし
横山やすし

第 III 因子

| | 0.00 | 0.02 | 0.04 | 0.06 | 0.08 |

西川きよし
横山やすし
志村　けん
所ジョージ

第 VI 因子

| | 0.00 | 0.02 | 0.04 | 0.06 |

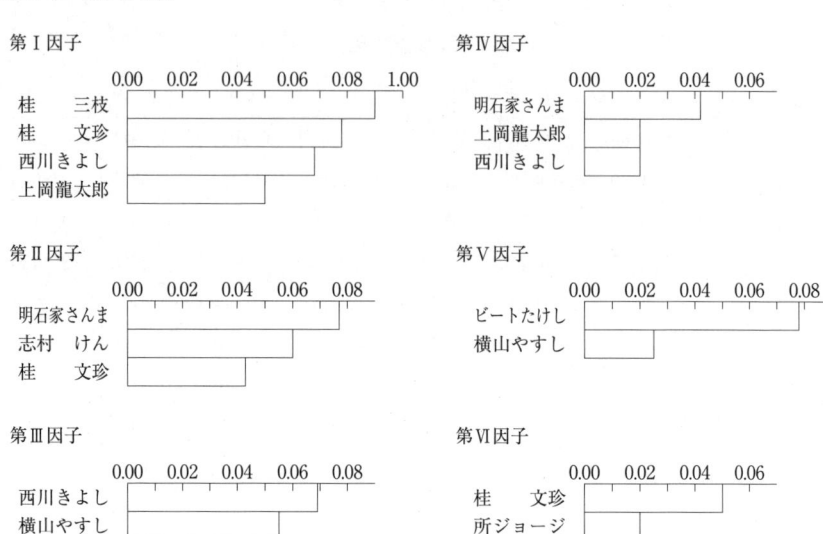

桂　文珍
所ジョージ
横山やすし

図 11.2　各因子別寄与率

明石家さんま，西川きよし，上岡龍太郎の順に高い負荷量を示している．したがって，女性に人気のあるタレントを表す因子であると思われる．

(v)　第 V 因子（寄与率 8.15％）

特に，ビートたけしが高い負荷量を示し，横山やすしもやや高い負荷量を示している．したがって，過激な笑いをとるタレントを表す因子であると思われる．

(vi)　第 VI 因子（寄与率 7.02％）

この第 VI 因子は寄与率も小さく，負荷量の値から判断して，一般性を有する因子とは考えにくい．

以上が，各因子の特性であると思われる．

11.4　因子分析法の適用例：その 3（政治家の好み）

因子分析の最後の適用例として歴史上における政治家の好みの調査より，その要因を分析することにする．データは，歴史上の政治家（古今東西，現役を

11.4 因子分析法の適用例：その3（政治家の好み）

表11.10 因子分析法のデータ

	ヒトラー	レーニン	スターリン	毛沢東	成吉思汗	ゴルバチョフ	レーガン	リンカーン	ケネディ	キッシンジャー	ド・ゴール	ミッテラン	ナポレオン	エリザベス女王	サッチャー	カダフィ	徳川家康	豊臣秀吉	織田信長	東条英機	吉田茂	田中角栄	中曽根康弘	石橋政嗣	竹入義勝	塚本三郎	不破哲三	竹下登	安倍晋太郎	宮沢喜一
1	2	2	2	3	2	1	2	2	1	2	2	2	2	1	2	2	3	3	2	1	2	1	2	1	2	1	1	1	1	1
2	2	2	1	1	1	1	1	2	1	1	1	1	3	1	1	3	1	1	3	1	3	3	1	1	1	1	1	1	1	1
3	3	2	2	2	2	2	2	2	3	2	2	2	3	2	2	3	3	2	2	3	2	2	2	2	2	2	2	2	2	2
4	2	2	2	3	3	3	1	1	1	2	2	3	1	1	1	1	3	2	3	3	1	1	1	1	1	2	2	2	2	1
5	2	2	2	2	2	2	2	2	3	3	3	3	2	2	2	2	1	3	2	1	3	2	1	3	3	1	3	3	3	1
6	1	2	2	2	2	2	2	2	2	2	2	2	2	2	2	3	2	2	2	2	2	2	2	2	2	2	2	2	2	2
7	3	2	2	2	2	2	3	2	3	3	2	3	2	3	3	2	3	3	3	3	3	2	3	2	2	2	3	3	2	2
8	2	2	2	1	2	2	3	2	2	1	3	3	2	1	3	2	3	1	1	2	1	1	1	2	2	2	2	2	2	2
9	3	3	3	3	3	1	3	3	2	3	2	3	2	1	3	3	3	3	3	3	1	1	1	3	1	1	1	3	3	3
10	1	1	2	1	2	2	3	2	2	2	2	2	2	2	2	2	2	2	2	2	1	1	2	2	1	1	2	2	3	2
11	3	2	2	2	2	2	2	2	2	2	2	2	1	1	2	3	3	3	2	2	3	2	1	2	3	1	2	2	2	2
12	1	2	2	2	2	2	3	3	2	2	3	3	3	3	3	3	2	2	2	2	2	2	3	2	2	2	2	2	2	2
13	2	1	1	2	1	2	2	3	2	2	2	2	2	2	2	3	2	2	2	2	2	2	2	2	2	2	1	2	2	2
14	2	2	2	2	1	2	3	3	2	2	3	1	1	2	2	1	2	3	1	2	1	1	3	1	1	1	1	2	2	2
15	1	2	2	2	2	3	1	3	3	2	2	2	2	1	2	1	1	3	2	1	3	2	2	2	2	2	2	2	2	3
16	1	2	2	2	2	2	3	3	2	2	3	2	3	2	3	2	3	2	2	3	3	3	3	2	2	2	2	2	2	2
17	3	2	2	2	2	2	3	3	2	2	2	2	2	2	2	2	3	2	2	3	3	3	3	1	2	1	1	3	3	3
18	1	3	3	3	3	3	1	3	3	3	2	3	3	2	3	3	3	2	3	3	3	1	1	3	2	2	2	3	3	3
19	1	1	1	3	3	1	1	3	3	2	2	1	3	1	3	1	3	1	1	1	1	1	1	1	1	1	1	2	3	1
20	3	1	1	2	2	2	2	3	3	2	3	2	2	2	2	2	3	3	3	3	3	2	2	3	2	1	1	2	2	2
21	1	2	2	2	2	2	2	3	3	2	2	2	2	2	2	2	2	2	2	2	2	2	2	2	2	2	2	2	2	2
22	3	2	2	2	3	2	2	2	1	2	1	3	1	3	1	3	1	1	3	3	2	1	2	1	2	2	2	2	2	2
23	1	1	1	1	2	3	3	3	3	3	2	3	2	3	1	3	3	1	1	2	2	2	2	1	1	1	1	2	2	2
24	2	2	2	3	3	3	2	3	3	3	2	3	1	1	2	3	1	2	3	2	2	2	2	1	1	1	1	1	2	2
25	2	2	2	2	2	1	2	2	1	2	2	2	2	2	1	2	2	2	2	1	2	2	2	2	2	2	2	2	2	2
26	2	2	2	2	2	2	3	2	2	3	2	2	2	1	2	2	2	2	2	2	1	2	2	2	2	2	2	2	2	2
27	3	1	1	1	3	1	3	3	3	2	2	3	2	2	2	2	1	3	1	1	3	3	3	3	1	2	3	1	3	3
28	1	2	2	2	2	1	3	2	1	2	2	3	3	2	2	2	2	2	2	2	1	2	2	2	2	2	2	2	2	2
29	1	2	2	2	2	1	1	2	3	2	2	2	3	2	2	3	1	3	2	1	2	1	1	2	2	2	2	2	2	2
30	1	2	2	2	2	3	2	2	3	1	1	1	1	2	2	1	2	2	1	1	1	1	1	1	1	2	2	2	2	1
31	1	1	2	1	2	2	2	3	2	2	2	2	2	2	2	2	1	1	1	1	1	1	1	1	1	1	1	1	1	2
32	3	2	2	2	2	2	2	2	2	2	2	2	2	2	3	1	3	3	3	1	3	2	1	1	1	1	1	1	1	2
33	2	2	2	2	2	2	2	2	2	2	2	2	2	2	2	1	2	1	1	1	1	1	1	1	1	1	1	1	1	1
34	3	1	3	1	1	1	2	1	1	1	1	3	3	1	1	3	1	1	3	1	1	1	1	1	1	1	3	1	1	1
35	1	2	2	2	2	2	2	3	2	2	2	2	2	2	2	2	2	2	2	2	2	2	2	2	2	2	2	2	2	2
36	3	2	2	1	1	2	2	2	2	2	2	3	2	2	3	2	2	3	2	2	3	2	2	2	2	2	2	1	2	2
37	2	1	1	1	2	1	1	2	2	2	2	2	2	2	2	2	2	1	2	2	1	2	1	1	1	1	2	2	2	2
38	2	1	1	2	2	2	2	3	3	1	2	2	1	2	1	2	3	1	1	3	1	1	1	1	1	1	1	1	3	3
39	3	2	2	1	1	2	2	2	2	2	1	3	1	1	2	1	3	1	1	1	1	1	1	1	1	1	1	1	1	1
40	2	2	2	2	2	2	2	3	2	1	2	2	2	2	2	2	2	2	1	2	2	2	2	2	2	2	2	2	2	2

第11章 因子分析法

含む）30名に対する好き・嫌いについて40名（神戸市立高専学生，19歳）に意識調査した結果である（**表11.10**）．なお，データ表の数字の意味は，11.2節の場合（表11.2）と同じである．

まず，これら30人の政治家の人気度を表す平均得点値と，人気のばらつきを表す分散，標準偏差の一覧表は**表11.11**に示すとおりである．この表からわかるように，人気のベスト5は，ナポレオン1世（2.55），エイブラハム・リンカーン（2.525），織田信長（2.45），ジョン・F・ケネディ（2.425），豊臣秀吉（2.375）であり，下位5人は，カダフィ大佐（1.675），不破哲三（1.7），石橋政嗣（1.725），中曽根康弘（1.750），塚本三郎（1.775）である．一方，人気のバラツキが小さい政治家はシャルル・ド・ゴール（0.1），不破哲三（0.267），塚本三郎（0.281）であり，好き・嫌いの差が大きい政治家は，田中角栄（0.83），アドルフ・ヒトラー（0.687），中曽根康弘（0.603）である．

さて，このようなデータに基づいて各変量（30人の政治家）間の相関行列を求めた．その結果は**表11.12**に示すとおりである．この表より比較的相関の高い（相関係数が0.5以上）政治家間の組み合わせは次のようである．

(ⅰ)　スターリン　↔　レーニン　　　　　（0.767）
(ⅱ)　宮沢喜一　　↔　ケネディ　　　　　（0.697）
(ⅲ)　塚本三郎　　↔　竹入義勝　　　　　（0.685）
(ⅳ)　安倍晋太郎　↔　徳川家康　　　　　（0.657）
(ⅴ)　宮沢喜一　　↔　竹入義勝　　　　　（0.654）
(ⅵ)　ケネディ　　↔　ド・ゴール　　　　（0.583）
(ⅶ)　レーニン　　↔　毛沢東　　　　　　（0.572）
(ⅷ)　竹入義勝　　↔　キッシンジャー　　（0.563）
(ⅸ)　宮沢喜一　　↔　安倍晋太郎　　　　（0.561）
(ⅹ)　塚本三郎　　↔　石橋政嗣　　　　　（0.527）
(ⅺ)　宮沢喜一　　↔　リンカーン　　　　（0.52）
(ⅻ)　リンカーン　↔　ケネディ　　　　　（0.512）
(ⅹⅲ)　竹入義勝　↔　ケネディ　　　　　（0.510）
(ⅹⅳ)　エリザベス女王　↔　サッチャー　（0.503）

たとえば，ヨシフ・スターリンとウラジーミル・レーニンは思想は異なって

11.4 因子分析法の適用例：その3（政治家の好み）

表11.11 平均値，分散，標準偏差

	平均値	分散	標準偏差
ヒ ト ラ ー	1.925	0.687	0.829
レ ー ニ ン	1.800	0.318	0.564
ス タ ー リ ン	1.900	0.297	0.545
毛 沢 東	1.975	0.384	0.620
成 吉 思 汗	2.125	0.369	0.607
ゴルバチョフ	1.875	0.471	0.686
レ ー ガ ン	1.900	0.554	0.744
リ ン カ ー ン	2.525	0.358	0.599
ケ ネ デ ィ	2.425	0.456	0.675
キッシンジャー	1.925	0.328	0.572
ド ・ ゴ ー ル	1.950	0.100	0.316
ミ ッ テ ラ ン	1.875	0.369	0.607
ナ ポ レ オ ン	2.550	0.305	0.552
エリザベス女王	2.000	0.410	0.641
サ ッ チ ャ ー	2.000	0.513	0.716
カ ダ フ ィ	1.675	0.430	0.656
徳 川 家 康	1.975	0.589	0.768
豊 臣 秀 吉	2.375	0.446	0.667
織 田 信 長	2.450	0.459	0.677
東 条 英 機	1.825	0.507	0.712
吉 田 茂	2.275	0.512	0.716
田 中 角 栄	2.125	0.830	0.911
中 曽 根 康 弘	1.750	0.603	0.776
石 橋 政 嗣	1.725	0.358	0.599
竹 入 義 勝	1.825	0.353	0.594
塚 本 三 郎	1.775	0.281	0.530
不 破 哲 三	1.700	0.267	0.516
竹 下 登	1.925	0.379	0.616
安 倍 晋 太 郎	2.050	0.510	0.714
宮 沢 喜 一	2.075	0.481	0.694

第 11 章　因子分析法

表 11.12　相関行列（対称行列である）

	ヒトラー	レーニン	スターリン	毛沢東	成吉思汗	ゴルバチョフ	レーガン	リンカーン	ケネディ	キッシンジャー	ド・ゴール	ミッテラン	ナポレオン	エリザベス女王
ヒトラー	1.0	-0.033	-0.017	-0.253	-0.185	-0.062	0.029	-0.074	-0.079	0.204	0.081	-0.019	0.148	-0.145
レーニン	-0.033	1.0	0.767	0.572	0.300	0.464	-0.110	0.167	0.094	0.191	0.230	0.075	-0.132	0.213
スターリン	-0.017	0.767	1.0	0.296	0.116	0.377	-0.025	0.165	-0.091	-0.025	-0.030	-0.039	-0.068	0.367
毛沢東	-0.253	0.572	0.296	1.0	0.622	0.414	-0.228	0.313	0.210	0.211	0.255	0.128	0.041	0.194
成吉思汗	-0.185	0.300	0.116	0.622	1.0	0.285	-0.255	0.238	0.180	0.101	0.301	0.183	-0.057	0.066
ゴルバチョフ	-0.062	0.464	0.377	0.414	0.285	1.0	-0.075	0.289	0.284	0.302	0.325	0.331	0.051	0.058
レーガン	0.029	-0.110	-0.025	-0.228	-0.255	-0.075	1.0	0.236	0.138	0.102	-0.131	0.199	0.075	0.215
リンカーン	-0.074	0.167	0.165	0.313	0.238	0.289	0.236	1.0	0.512	0.268	0.142	0.115	-0.120	0.268
ケネディ	-0.079	0.094	-0.091	0.210	0.180	0.284	0.138	0.512	1.0	0.483	0.583	0.321	0.045	0.296
キッシンジャー	0.204	0.191	-0.025	0.211	0.101	0.302	0.102	0.268	0.483	1.0	0.404	0.194	0.215	0.000
ド・ゴール	0.081	0.230	-0.030	0.255	0.301	0.325	-0.131	0.142	0.583	0.404	1.0	0.367	0.015	0.000
ミッテラン	-0.019	0.075	-0.039	0.128	0.183	0.331	0.199	0.115	0.321	0.194	0.367	1.0	-0.096	0.132
ナポレオン	0.148	-0.132	-0.068	0.041	-0.057	0.051	0.075	-0.120	0.045	0.215	0.015	-0.096	1.0	0.145
エリザベス女王	-0.145	0.213	0.367	0.194	0.066	0.058	0.215	0.268	0.296	0.000	0.000	0.132	0.145	1.0
サッチャー	-0.043	0.000	0.066	0.289	0.059	-0.104	0.241	0.359	0.318	0.188	-0.113	-0.059	0.065	0.503
カダフィ	0.048	0.236	0.122	-0.021	-0.024	0.192	0.194	-0.011	0.030	0.138	0.167	-0.040	0.081	-0.122
徳川家康	-0.245	0.047	-0.006	0.160	-0.048	0.043	0.130	-0.197	0.466	0.112	0.312	0.158	0.275	0.261
豊臣秀吉	0.191	0.068	0.106	0.271	0.198	0.329	0.026	0.393	0.206	0.277	0.213	0.372	0.122	0.180
織田信長	0.153	0.242	0.194	0.089	-0.203	0.234	-0.061	-0.029	-0.205	-0.043	-0.132	0.109	0.144	0.000
東条英機	0.238	0.294	0.152	0.280	0.171	0.111	0.015	-0.020	0.159	0.282	0.416	0.244	0.055	0.112
吉田茂	-0.051	0.076	-0.191	0.305	0.273	0.333	-0.005	0.193	0.230	0.365	0.176	0.317	0.062	0.000
田中角栄	0.352	0.000	-0.129	-0.085	0.017	0.395	0.095	0.018	0.162	0.166	0.200	0.168	-0.089	-0.220
中曽根康弘	0.289	-0.117	-0.061	-0.173	-0.313	0.084	0.488	0.345	0.110	0.130	-0.366	0.204	0.030	0.155
石橋政嗣	-0.043	0.213	0.071	0.119	0.168	0.226	-0.006	0.270	0.360	0.163	0.467	0.009	-0.151	0.201
竹入義勝	-0.131	0.046	-0.055	0.057	-0.151	0.322	0.249	0.337	0.510	0.563	0.225	0.222	0.066	0.269
塚本三郎	-0.331	0.017	-0.080	-0.018	0.010	0.132	0.071	0.220	0.417	0.281	0.237	0.468	-0.092	0.453
不破哲三	-0.413	0.053	-0.018	0.136	0.204	0.181	0.187	0.191	0.228	0.095	0.063	0.123	-0.126	-0.155
竹下登	-0.011	0.030	0.206	0.062	0.094	-0.023	0.207	0.388	0.202	0.056	0.112	0.317	-0.102	0.260
安倍晋太郎	-0.340	0.216	0.145	0.350	0.044	0.379	0.010	0.357	0.487	0.260	0.352	0.251	0.059	0.112
宮沢喜一	0.055	0.105	-0.047	0.124	0.099	0.397	0.164	0.520	0.697	0.467	0.485	0.327	-0.044	0.288

11.4 因子分析法の適用例：その3（政治家の好み）

表11.12（続き）

サッチャー	カダフィ	徳川家康	豊臣秀吉	織田信長	東条英機	吉田茂	田中角栄	中曽根康弘	石橋政嗣	竹入義勝	塚本三郎	不破哲三	竹下登	安倍晋太郎	宮沢喜一
-0.043	0.048	-0.245	0.191	0.153	0.238	-0.051	0.352	0.289	-0.043	-0.131	-0.331	-0.413	-0.011	-0.340	0.055
0.000	0.236	0.047	0.068	0.242	0.294	0.076	0.000	-0.117	0.213	0.046	0.017	0.053	0.030	0.216	0.105
0.066	0.122	-0.006	0.106	0.194	0.152	-0.191	-0.129	-0.061	0.071	-0.055	-0.080	-0.018	0.206	0.145	-0.047
0.289	-0.021	0.160	0.271	0.089	0.280	0.305	-0.085	-0.173	0.119	0.057	-0.018	0.136	0.062	0.350	0.124
0.059	-0.024	-0.048	0.198	-0.203	0.171	0.273	0.017	-0.313	0.168	-0.151	0.010	0.204	0.094	0.044	0.099
-0.104	0.192	0.043	0.329	0.234	0.111	0.333	0.395	0.084	0.226	0.322	0.132	0.181	-0.023	0.379	0.397
0.241	0.194	0.130	0.026	-0.061	0.015	-0.005	0.095	0.488	-0.006	0.249	0.071	0.187	0.207	0.010	0.164
0.359	-0.011	0.197	0.393	-0.029	-0.020	0.193	0.018	0.345	0.270	0.337	0.220	0.191	0.388	0.357	0.520
0.318	0.030	0.466	0.206	-0.205	0.159	0.230	0.162	0.110	0.360	0.510	0.417	0.220	0.202	0.487	0.697
0.188	0.138	0.112	0.277	-0.043	0.282	0.365	0.166	0.130	0.163	0.563	0.281	0.095	0.056	0.260	0.467
-0.113	0.167	0.312	0.213	-0.132	0.416	0.176	0.200	-0.366	0.467	0.225	0.237	0.063	0.112	0.352	0.485
-0.059	-0.040	0.158	0.372	0.109	0.244	0.317	0.168	0.204	0.009	0.222	0.468	0.123	0.317	0.251	0.327
0.065	0.081	0.275	0.122	0.144	0.055	0.062	-0.089	0.030	-0.151	0.066	-0.092	-0.126	-0.102	0.059	-0.044
0.503	-0.122	0.261	0.180	0.000	0.112	0.000	-0.220	0.156	0.201	0.269	0.453	-0.155	0.260	0.112	0.288
1.0	-0.109	0.187	0.000	-0.159	0.050	0.000	-0.275	0.323	-0.120	0.301	0.135	-0.069	0.116	0.050	0.155
-0.109	1.0	-0.068	-0.066	-0.009	0.314	0.195	0.198	-0.013	0.420	0.179	0.079	0.159	-0.189	-0.019	0.168
0.187	-0.068	1.0	0.319	0.022	0.226	0.200	-0.069	0.032	0.208	0.215	0.175	0.110	0.322	0.657	0.293
0.000	-0.066	0.319	1.0	0.014	0.303	0.476	0.216	0.235	0.393	0.105	0.100	0.112	0.382	0.497	0.381
-0.159	-0.009	0.022	0.014	1.0	-0.045	-0.502	0.280	0.219	-0.193	-0.182	-0.353	-0.117	-0.224	-0.154	-0.128
0.050	0.314	0.226	0.303	-0.045	1.0	0.197	0.114	-0.174	0.426	0.229	0.165	-0.007	-0.031	0.219	0.287
0.000	0.195	0.200	0.476	-0.502	0.197	1.0	0.300	0.219	0.301	0.176	0.235	0.021	0.223	0.374	0.371
-0.275	0.198	-0.069	0.216	0.280	0.114	0.300	1.0	0.335	-0.029	-0.006	-0.153	0.027	0.017	0.030	0.309
0.323	-0.013	0.032	0.235	0.219	-0.174	0.219	0.335	1.0	-0.041	0.181	-0.016	-0.064	0.282	0.069	0.274
-0.120	0.420	0.208	0.393	-0.193	0.426	0.301	-0.029	-0.041	1.0	0.222	0.527	0.141	0.221	0.273	0.483
0.301	0.179	0.215	0.105	-0.182	0.229	0.176	-0.006	0.181	0.222	1.0	0.685	0.326	0.033	0.444	0.654
0.135	0.079	0.175	0.100	-0.353	0.165	0.235	-0.153	-0.016	0.527	0.685	1.0	0.215	0.183	0.301	0.465
-0.069	0.159	0.110	0.112	-0.117	-0.007	0.021	0.027	-0.064	0.141	0.326	0.215	1.0	0.169	0.320	0.208
0.116	-0.189	0.322	0.382	-0.224	-0.031	0.223	0.017	0.282	0.221	0.033	0.183	0.169	1.0	0.417	0.314
0.050	-0.019	0.657	0.497	-0.154	0.219	0.374	0.030	0.069	0.273	0.444	0.301	0.320	0.417	1.0	0.561
0.155	0.168	0.293	0.381	-0.128	0.287	0.371	0.309	0.274	0.483	0.654	0.465	0.208	0.314	0.561	1.0

も，専制的独裁者という共通点があり，宮沢喜一とケネディはインテリ（知的）政治家という共通のイメージがある．

一方，負の相関のやや高い（相関係数が -0.3 以下）政治家間の組み合わせは次のとおりである．

(i)　不破哲三　↔　ヒトラー　(-0.413)
(ii)　ド・ゴール　↔　中曽根康弘　(-0.366)
(iii)　塚本三郎　↔　織田信長　(-0.353)
(iv)　安倍晋太郎　↔　ヒトラー　(-0.340)
(v)　塚本三郎　↔　ヒトラー　(-0.331)
(vi)　成吉思汗　↔　中曽根康弘　(-0.313)

たとえば，不破哲三とヒトラーは思想が正反対であるし，しかもリーダーとしてのスタイルも大いに異なると思われる．

次に，この相関行列に対する固有値を求め，2つの基準に基づいて共通因子数を検討した．その結果，共通因子の数は10と決まった．

そこで因子数を10として主因子分析法により因子負荷量と共通性を計算した．その結果は**表11.13**のようになった．なお，この結果をわかりやすく表すために，10の因子ごとに，因子負荷量0.3以上の値をもつ政治家を**図11.3**（その1〜2）に，その大きさの順に並べた．

そこで表11.13，図11.3をもとにして，これらの因子がどのような内容を表しているかを考えてみよう．

(i) 第I因子（寄与率21.67%）

このアンケートの対象になった30人のうち28人までがプラスの負荷量を示している．しかも，その中で宮沢喜一，ケネディの順に高い負荷量を示している．したがって，インテリ（知的）で育ちの良い政治家を表す因子と考えられる．負荷量がマイナスの政治家には，ヒトラーと織田信長がおり，上記2人の政治家とはこの因子において正反対であることがわかる．

(ii) 第II因子（寄与率9.97%）

レーニン，スターリン，毛沢東，成吉思汗（チンギス・ハンあるいはチンギス・カン），ミハイル・ゴルバチョフの順に高い負荷量を示している．したがって，共産主義諸国（旧ソ連，中国）の政治家を表す因子と考えら

11.4 因子分析法の適用例：その3（政治家の好み）

表11.13 変量と因子

変量＼因子	I	II	III	IV	V	VI	VII	VIII	IX	X	共通性
ヒトラー	-0.127	-0.067	-0.642	0.276	-0.127	-0.157	-0.413	0.174	-0.073	-0.245	0.816
レーニン	0.340	0.680	0.104	0.342	-0.295	0.171	0.036	-0.065	-0.068	-0.078	0.838
スターリン	0.155	0.513	0.254	0.532	-0.262	0.316	-0.080	-0.195	-0.116	-0.163	0.888
毛沢東	0.439	0.593	0.275	0.215	0.128	-0.229	0.103	0.200	0.196	0.133	0.842
成吉思汗	0.301	0.542	0.176	-0.099	0.268	-0.066	0.003	0.478	0.210	0.005	0.774
ゴルバチョフ	0.530	0.400	-0.250	0.188	-0.044	0.083	0.328	-0.002	-0.190	0.243	0.750
レーガン	0.166	-0.536	-0.063	0.262	-0.185	0.251	0.080	-0.073	0.344	-0.148	0.637
リンカーン	0.586	-0.141	0.151	0.339	0.124	0.085	0.168	0.285	-0.012	-0.237	0.690
ケネディ	0.740	-0.195	0.046	-0.096	-0.044	-0.255	0.083	0.116	-0.206	-0.214	0.772
キッシンジャー	0.552	-0.054	-0.265	0.009	-0.232	-0.365	0.107	0.182	0.014	-0.003	0.610
ド・ゴール	0.569	0.277	-0.188	-0.367	-0.037	-0.234	-0.170	-0.014	-0.209	-0.268	0.772
ミッテラン	0.552	-0.054	-0.173	-0.171	0.172	0.353	-0.290	0.057	-0.073	0.303	0.706
ナポレオン	0.023	-0.079	-0.081	0.149	-0.092	-0.515	-0.085	-0.297	0.242	0.210	0.508
エリザベス女王	0.378	-0.156	0.475	0.388	-0.247	0.026	-0.372	0.000	-0.106	0.219	0.803
サッチャー	0.233	-0.312	0.428	0.386	-0.188	-0.278	-0.069	0.324	0.179	-0.029	0.739
カダフィ	0.184	0.160	-0.333	-0.153	-0.526	0.213	0.118	-0.137	0.486	-0.115	0.798
徳川家康	0.482	-0.142	-0.202	0.035	0.217	-0.306	-0.089	-0.563	0.054	-0.089	0.771
豊臣秀吉	0.564	0.047	-0.229	0.214	0.425	-0.006	-0.229	-0.097	0.148	0.084	0.690
織田信長	-0.161	0.224	-0.308	0.484	-0.058	-0.047	0.163	-0.264	-0.185	0.232	0.595
東条英機	0.412	0.262	-0.194	-0.108	-0.258	-0.126	-0.353	-0.110	0.226	-0.096	0.568
吉田茂	0.502	0.036	-0.282	-0.026	0.273	-0.060	0.025	0.090	0.288	0.330	0.613
田中角栄	0.165	0.023	-0.745	0.120	0.133	0.070	0.205	0.070	-0.137	-0.026	0.687
中曽根康弘	0.166	-0.555	-0.303	0.582	0.080	0.198	0.080	0.093	0.068	0.122	0.846
石橋政嗣	0.622	0.109	-0.098	-0.334	-0.101	0.383	-0.386	-0.053	0.095	0.025	0.839
竹入義勝	0.635	-0.365	0.062	-0.120	-0.439	-0.102	0.289	-0.005	-0.114	0.126	0.870
塚本三郎	0.579	-0.284	0.266	-0.375	-0.260	0.204	-0.094	0.047	-0.161	0.330	0.882
不破哲三	0.311	-0.007	0.150	-0.245	0.096	0.259	0.561	-0.083	0.208	-0.151	0.643
竹下登	0.411	-0.213	0.160	0.204	0.452	0.285	-0.210	-0.063	0.006	-0.271	0.688
安倍晋太郎	0.711	0.002	0.147	-0.016	0.292	-0.103	0.195	-0.434	-0.045	-0.072	0.856
宮沢喜一	0.806	-0.221	-0.184	-0.033	-0.073	-0.025	0.072	0.076	-0.191	-0.133	0.804

第11章 因子分析法

第Ⅰ因子（寄与率 21.67%）

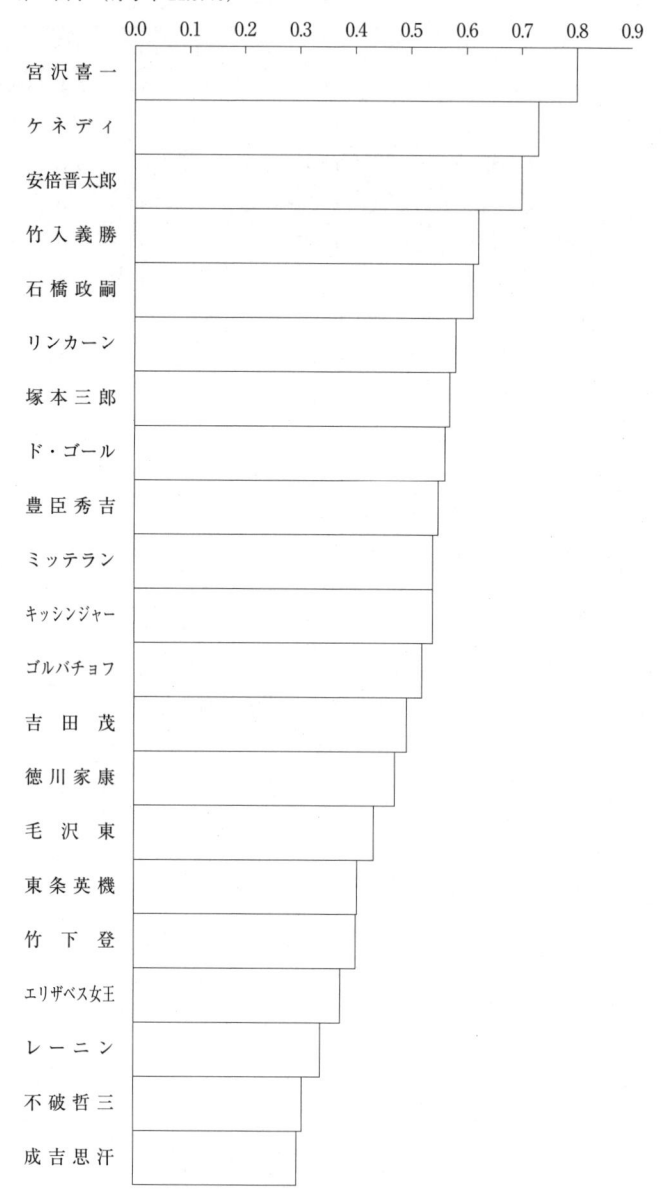

人物	値
宮沢喜一	0.80
ケネディ	0.73
安倍晋太郎	0.70
竹入義勝	0.62
石橋政嗣	0.60
リンカーン	0.58
塚本三郎	0.57
ド・ゴール	0.56
豊臣秀吉	0.54
ミッテラン	0.53
キッシンジャー	0.52
ゴルバチョフ	0.50
吉田茂	0.49
徳川家康	0.46
毛沢東	0.43
東条英機	0.42
竹下登	0.40
エリザベス女王	0.33
レーニン	0.32
不破哲三	0.28
成吉思汗	0.27

図 11.3　各因子別寄与率　その1

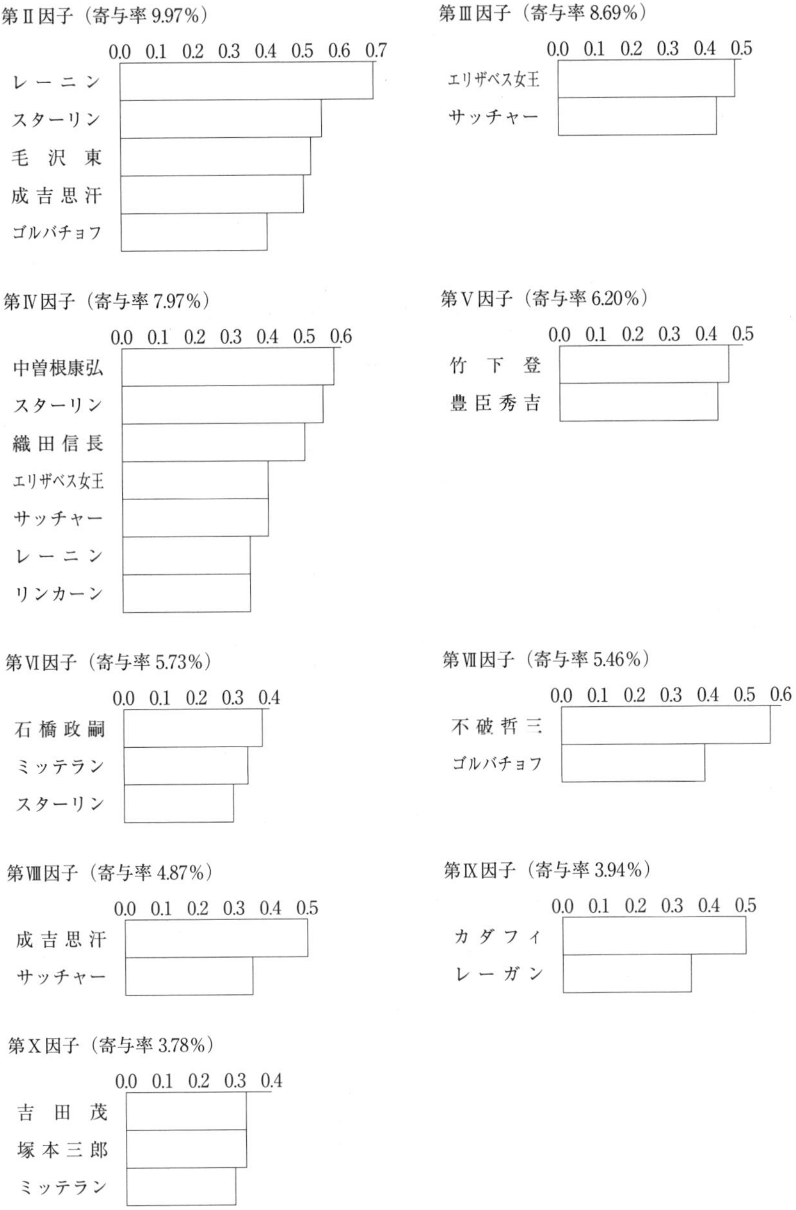

11.4 因子分析法の適用例：その3（政治家の好み）

第II因子（寄与率 9.97%）

政治家	値
レーニン	~0.68
スターリン	~0.45
毛沢東	~0.42
成吉思汗	~0.40
ゴルバチョフ	~0.37

スケール: 0.0 0.1 0.2 0.3 0.4 0.5 0.6 0.7

第III因子（寄与率 8.69%）

政治家	値
エリザベス女王	~0.45
サッチャー	~0.44

スケール: 0.0 0.1 0.2 0.3 0.4 0.5

第IV因子（寄与率 7.97%）

政治家	値
中曽根康弘	~0.55
スターリン	~0.47
織田信長	~0.45
エリザベス女王	~0.40
サッチャー	~0.38
レーニン	~0.36
リンカーン	~0.35

スケール: 0.0 0.1 0.2 0.3 0.4 0.5 0.6

第V因子（寄与率 6.20%）

政治家	値
竹下登	~0.47
豊臣秀吉	~0.46

スケール: 0.0 0.1 0.2 0.3 0.4 0.5

第VI因子（寄与率 5.73%）

政治家	値
石橋政嗣	~0.36
ミッテラン	~0.33
スターリン	~0.30

スケール: 0.0 0.1 0.2 0.3 0.4

第VII因子（寄与率 5.46%）

政治家	値
不破哲三	~0.55
ゴルバチョフ	~0.43

スケール: 0.0 0.1 0.2 0.3 0.4 0.5 0.6

第VIII因子（寄与率 4.87%）

政治家	値
成吉思汗	~0.47
サッチャー	~0.40

スケール: 0.0 0.1 0.2 0.3 0.4 0.5

第IX因子（寄与率 3.94%）

政治家	値
カダフィ	~0.47
レーガン	~0.40

スケール: 0.0 0.1 0.2 0.3 0.4 0.5

第X因子（寄与率 3.78%）

政治家	値
吉田茂	~0.36
塚本三郎	~0.36
ミッテラン	~0.35

スケール: 0.0 0.1 0.2 0.3 0.4

図11.3 各因子別寄与率 その2

れる．同じ主義主張でも日本の左翼の政治家である石橋政嗣や不破哲三の負荷量はそれほど高くない．このことは，外国の左翼と日本の左翼では明らかに支持層が異なることを表している．

(iii) 第Ⅲ因子（寄与率 8.69%）

エリザベス女王とマーガレット・サッチャーが高い負荷量を示している．したがって，この指標は，上品な気品を感じさせる政治家を表す因子と考えられる．少し値は下がるが，その後に，毛沢東，塚本三郎，スターリンが続くところがおもしろい．一方，マイナスの負荷量として大きな値を残しているのが田中角栄とヒトラーである．この2人の政治家は，エリザベス女王やサッチャーとこの因子において正反対であることがわかる．

(iv) 第Ⅳ因子（寄与率 7.97%）

中曽根康弘，スターリン，織田信長，エリザベス女王，サッチャーの順に高い負荷量を示している．したがって，この指標は国を強い権力で治める政治家を表す因子と考えられる．後にレーニン，リンカーン，ヒトラー，ロナルド・レーガンが続くことでもうなずける．また，日本の石橋政嗣や塚本三郎が，この因子において，上記政治家と正反対であることがわかる．ただし，田中角栄やナポレオンが意外と高い負荷量を示していないのがおもしろい．

(v) 第Ⅴ因子（寄与率 6.20%）

竹下登，豊臣秀吉が高い負荷量を示している．したがって，この指標は，苦労して権力の座をつかむ政治家を表す因子と考えられる．竹下登が長く田中角栄に仕え，豊臣秀吉も同じように長く織田信長に仕えたことからもうかがえる．少し値は下がるが，後に安倍晋太郎，吉田茂，成吉思汗が続くところがおもしろい．一方，最も大きいマイナスの負荷量を有しているのはカダフィで，この因子において，竹下登や豊臣秀吉と正反対であることがわかる．

(vi) 第Ⅵ因子（5.73%）

石橋政嗣，フランソワ・ミッテラン，スターリンの順に高い負荷量を示している．また，5番目に不破哲三が位置していることから，この指標は，左翼系の政治家を表す因子と考えられる．ただ，4番目に竹下登がいるの

がおもしろい．

(vii) 第Ⅶ因子（5.46%）

不破哲三，ゴルバチョフが高い負荷量を示している．さらにその後に，竹入義勝，田中角栄と続く．したがって，この指標は，若くしてトップの座をかち取った政治家を表す因子と考えられる．ゴルバチョフもアンドロポフ，チェルネンコの後を継いで老人支配の国ソ連では珍しく54歳の若さでトップの座についた．竹入義勝も若くして公明党の委員長になり，昭和61年まで20年間その座にすわり続けた．田中角栄は，小学校しか出ていなくても，その出世は異常なほど早く39歳で大臣に，そして54歳で総理大臣になり立身出世のパターンを作った人である．

(viii) 第Ⅷ因子（寄与率4.87%）

成吉思汗，サッチャーが高い負荷量を示している．後にリンカーン，毛沢東，ヘンリー・キッシンジャーと続く．したがってこの指標は，立国の功労者または国を建てなおした政治家を表す因子と考えられる．すなわち，成吉思汗，リンカーン，毛沢東はそれぞれ，中国王朝の元，アメリカ合衆国，中華人民共和国の立国の功労者である．またサッチャーは財政再建において，キッシンジャーは，多極外交において，それぞれ，イギリス，アメリカを建てなおしたと考えられる．

(ix) 第Ⅸ因子（寄与率3.94%）

カダフィ，レーガンが高い負荷量を示している．後に吉田茂，ナポレオン，東条英機が続く．したがってこの指標は，自己中心的であるが愛国心の強い政治家を表す因子と考えられる．リビア問題など，カダフィ，レーガンのそれぞれの愛国心のぶつかりあいと考えられる．

(x) 第Ⅹ因子（寄与率3.78%）

この第Ⅹ因子は寄与率も小さく，負荷量の値から判断して，一般性を有する因子とは考えにくい．

第12章 AHPモデル

AHPモデルは，不確定な状況や多様な評価基準における意思決定手法である．この手法は，問題の分析において主観的判断とシステムアプローチをうまくミックスした問題解決型意思決定手法の1つである．

> **本章を学ぶ3つのポイント**
> ① AHPモデルにおいて，総合目的，評価基準，代替案という概念を十分に理解すること．
> ② AHPモデルにおいて，一対比較という概念を十分に理解すること．
> ③ AHPモデルにおいて，意思決定のプロセスという概念を十分に理解すること．

12.1 AHPモデルとは

人間が社会生活を営んでいく際，種々の**意思決定**は避けて通れない重要な問題である．学校の選定，就職時の企業選定，さらに結婚相手を選ぶとき，住宅地を決めるとき，等々である．あるいは，小さなことでは，テレビの番組を選ぶことやレストランでの食事のメニューの選び方，さらに洋服を選ぶ場合などである．さて，このような意思決定のすべてにおいて，多くの**代替案**の中から，いくつかの**評価基準**に基づいて，1つあるいは複数の代替案を選ぶという場合が多い．このように考えると，人間が生きるということは，選択行動の積み重ねであり，一種の意思決定の集合であるということができる．しかも，それは，複雑なあるいはあいまいな状況の下での人間の主観的判断による意思決定であるといえる．

第12章 AHPモデル

ところで，1971年，Thomas L. Saaty（ピッツバーグ大学教授）は，「階層分析法 AHP（Analytic Hierarchy Process）」という，不確定な状況や多様な評価基準における意思決定手法を提唱した．この手法は，問題の分析において，**主観的判断**と**システムアプローチ**をうまくミックスした**問題解決型意思決定手法**の1つである．

そこで，本書ではAHPの概要とその数学的背景ならびにその適用例について説明する．なお，12.2節と，12.3節については著者の論文「階層分析法による交通経路選択特性の評価」（木下栄蔵；『運輸と経済』，1986, vol.6）の一部を抜粋修正したものである．

12.2 階層分析法 AHP の概要

AHP手法は次に示す3段階から成り立つものである．

(1) 第1段階

複雑な状況下にある問題を**階層構造**に分解する．ただし，階層の最上層は1個の要素からなり，総合目的である．それ以下のレベルでは意思決定者の主観的判断により，いくつかの要素が1つ上のレベルの要素との関係から決定される．なお，各レベル（総合目的を除いて）の要素の数は，$(7±2)$ が最大許容数となる．また，レベルの数は問題の構造により決定されるもので，とくに限界はない．最後に，階層の最下層に代替案を置く．

(2) 第2段階

各レベルの要素間の重み付けを行う．つまり，ある1つのレベルにおける要素間の**一対**（ペア）**比較**を1つ上のレベルにある関係要素を評価基準として行う．nを比較要素数とすると意思決定者は，$n(n-1)/2$個の一対比較をすることになる．さらに，この一対比較に用いられる値は $1/9, 1/8, \cdots, 1/2, 1, 2, \cdots, 8, 9$ とする（個々の数字の内容は**表12.1**参照）．

以上のようにして得られた各レベルの**一対比較行列**（既知）から，各レベルの要素間の重み（未知）を計算する．これには線形代数の固有値の考え方を使う（12.3節の「AHPの数学的背景」を参照）．

表 12.1　重要性の尺度とその定義

重要性の尺度	定義	
1	equal importance	（同じくらい重要）
3	weak importance	（やや重要）
5	strong importance	（かなり重要）
7	very strong importance	（非常に重要）
9	absolute importance	（極めて重要）

(2, 4, 6, 8 は中間のときに用いる)

なお，この一対比較行列は**逆数行列**であるが意思決定者の答える一対比較において首尾一貫性のある答えを期待するのは不可能である．そこで，このあいまいさの尺度として**コンシステンシー指数**を定義する（詳しくは，12.3 節の「AHP の数学的背景」を参照）．

(3) **第 3 段階**

各レベルの要素間の重み付けが計算されると，この結果を用いて階層全体の重み付けを行う．これにより，総合目的に対する各代替案のプライオリティが決定する．

12.3　AHP の数学的背景

階層のあるレベルの要素 $A_1, A_2, \cdots, A_n$ のすぐ上のレベルの要素に対する重み $W_1, W_2, \cdots, W_n$ を求めたい．このとき，a_i の a_j に対する重要度を a_{ij} とすれば，要素 $A_1, A_2, \cdots, A_n$ の一対比較行列は $\boldsymbol{A} = [a_{ij}]$ となる．もし $W_1, W_2, \cdots, W_n$ が既知のとき，$\boldsymbol{A} = [a_{ij}]$ は次のようになる．

$$\boldsymbol{A} = [a_{ij}] = \begin{array}{c} \\ A_1 \\ A_2 \\ \vdots \\ A_n \end{array} \begin{array}{c} \begin{array}{cccc} A_1 & A_2 & \cdots\cdots & A_n \end{array} \\ \left[\begin{array}{cccc} W_1/W_1 & W_1/W_2 & \cdots\cdots & W_1/W_n \\ W_2/W_1 & W_2/W_2 & \cdots\cdots & W_2/W_n \\ \vdots & \vdots & & \vdots \\ W_n/W_1 & W_n/W_2 & \cdots\cdots & W_n/W_n \end{array} \right] \end{array} \quad (12\text{-}1)$$

ただし，

$$a_{ij}=W_i/W_j, \quad a_{ji}=1/a_{ij}, \quad \boldsymbol{W}=\begin{bmatrix} W_1 \\ W_2 \\ \vdots \\ W_n \end{bmatrix}$$

$$i,j=1,2,\cdots,n$$

ところで，この場合すべての i, j, k について，$a_{ij} \times a_{jk} = a_{ik}$ が成り立つ．これは意思決定者の判断が完全に首尾一貫していることを表している．さて，この一対比較行列 $\boldsymbol{A}$ に**重み列ベクトル** $\boldsymbol{W}$ を掛けると，ベクトル $n \cdot \boldsymbol{W}$ を得る．すなわち，

$$\boldsymbol{A} \cdot \boldsymbol{W} = n \cdot \boldsymbol{W}$$

となる．この式は，固有値問題，

$$(\boldsymbol{A} - n \cdot \boldsymbol{I}) \cdot \boldsymbol{W} = 0 \tag{12-2}$$

に変形できる．ここで，$\boldsymbol{W} \neq 0$ が成り立つためには，n が $\boldsymbol{A}$ の固有値にならなければならない．このとき $\boldsymbol{W}$ は $\boldsymbol{A}$ の固有ベクトルとなる．さらに $\boldsymbol{A}$ の**ランク**は 1 であるから，固有値 $\lambda_i (i=1,2,\cdots,n)$ は 1 つだけが非零で他は零となる．また，$\boldsymbol{A}$ の主対角要素の和は n であるから，ただ 1 つ零でない λ_i を $\lambda_{\max}$ とすると，

$$\lambda_i = 0, \quad \lambda_{\max} = n \quad (\lambda_i \neq \lambda_{\max}) \tag{12-3}$$

となる．したがって $A_1, A_2, \cdots, A_n$ に対する重みベクトル $\boldsymbol{W}$ は $\boldsymbol{A}$ の最大固有値 $\lambda_{\max}$ に対する正規化した（$\sum W_i = 1$）固有ベクトルとなる．

さて，実際に複雑な状況下の問題を解決するときは $\boldsymbol{W}$ が未知であり，$\boldsymbol{W}'$ を求めなければならない．したがって $\boldsymbol{W}'$ は意思決定者の答えから得られた一対比較行列より計算する．このような問題は，

$$\boldsymbol{A}' \boldsymbol{W}' = \lambda'_{\max} \boldsymbol{W}' \quad (\lambda'_{\max} は \boldsymbol{A}' の最大固有値)$$

となる．したがって上述したように W' は A' の最大固有値 $\lambda'_{\max}$ に対する正規化した固有ベクトルとなる．これにより未知の W' が求まる．

ところで実際に状況が複雑になればなるほど意思決定者の答えが整合しなくなる（首尾一貫しなくなる）．このように A' が整合しなくなるにつれて必ず $\lambda_{\max}$ は n より大きくなる．これは次に示す Saaty の定理より明らかである．つまり，

$$\lambda_{\max} = n + \sum_{i=1}^{n}\sum_{j=i+1}^{n}(W'_j a_{ij} - W'_i)^2 / W'_i W'_j a_{ij} n \tag{12-4}$$

より，つねに $\lambda_{\max} \geq n$ が成り立ち，等号は首尾一貫性の条件が満たされるときのみ成立する．これから，首尾一貫性の尺度として，

$$C.I. = \frac{\lambda'_{\max} - n}{n-1} \tag{12-5}$$

を**コンシステンシー指数**とする．たとえば，C.I. = 0 は完全に首尾一貫性があるという意味である．また，C.I. = 0.1 を有効性の尺度とする．

12.4　AHPモデルの適用例（企業選定，住宅の選定，番組の選定）

AHP手法を開発したSaaty教授は，その著書のなかで適用例として，販売戦略の決定・新製品の計画・企業と地域社会の間の問題・公共の問題・開発途上国の開発計画・国々の間の紛争の解決・エネルギー資源の配分等，いろいろな問題を取り扱っている．

一方，日本においてAHPを適用した研究は，辻毅一郎の「階層分析法による高層住宅用エネルギーシステムの評価」（『エネルギー資源研究会』，1985，6，pp.63-70）や刀根薫の「租税構成の検討」（『OR学会誌』，1986，vol.31，no.8，pp.24-29）がある．さらに著者の「交通経路選択特性の評価」（木下栄蔵；『運輸と経済』，1986，vol.6）もある．

そこで，本書では，わかりやすい適用例を3つ用意した．その1として就職における企業選定，その2として住宅の選定，最後にその3として家庭内にお

けるテレビ番組の選定である．

〔その1〕 企業選定
(1) 第1段階
　就職時になるとよく学生が，私の研究室に就職の相談に訪れる．そのとき本人がかなり悩んでいる場合もあり，一方軽い気持ちで私の意見を聞く場合もある．いずれの場合においても困るのは，就職における企業選定の内容を頭の中で整理していない学生に対処するときである．何が原因で悩んでいるかがつかみきれないときは問題は解決されない．そこでまず，企業を選定する際の選定要因を把握する必要がある．ここでは，次の6つの要因をとり上げる．企業の将来性とその規模，在職期間中の給与体系，勤務地，休暇の状況，さらに保険等福祉厚生の状況となる．これは，今まで就職の相談を受けてきた経験から割りだしたものである．さて，これら6つの要因は，同時的（同じレベル）に扱うのが妥当と思われる．そこで，この問題を図12.1に示すような階層構造に分解する．階層の最上層（レベル1）は総合目的である企業選定を，レベル2は6つの選定要因を，そして最下層（レベル3）には3つの代替案をそれぞれ置く．これらの要素はすべて関連するので線で結ばれる．

(2) 第2段階
　就職をひかえた学生にアンケートしてみたのでそれを紹介する．被験者は，神戸市立高専の学生（20歳男）で，図12.1に示した企業選定を行うとき，レ

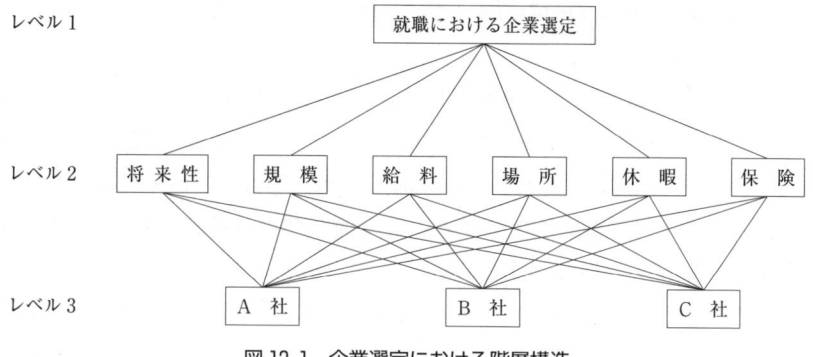

図12.1　企業選定における階層構造

12.4 AHPモデルの適用例（企業選定，住宅の選定，番組の選定）

表12.2 企業選定に関するレベル2の各要因の一対比較

	将来性	規 模	給 料	場 所	休 暇	保 険
将来性	1	2	1	5	5	1
規 模	1/2	1	1/3	2	3	1
給 料	1	3	1	3	3	1/2
場 所	1/5	1/2	1/3	1	1	1/3
休 暇	1/5	1/3	1/3	1	1	1/3
保 険	1	1	2	3	3	1

$\lambda_{\max} = 6.28$　C.I. $= 0.056$

ベル2とレベル3の各要素間の一対比較に答えるものである．

　まず，企業選定に関するレベル2の各要因の一対比較を行った．その結果は**表12.2**に示すとおりである．この表を見て，たとえば1行4列の5は，「勤務場所に比べて企業の将来性はかなり重要(5)である」という意味である．また3行5列の3は，「休暇に比べて給与体系はやや重要(3)である」という意味である．

　さてこの行列の最大固有値は，

$$\lambda_{\max} = 6.28$$

である．ゆえに整合性の評価は，

$$\text{C.I.} = \frac{\lambda_{\max} - n}{n-1} = 0.056 < 0.1$$

であり，有効性があるといえる．さらに，この最大固有値に対する正規化した固有ベクトルは，

$$\boldsymbol{W}^\text{T} = [0.274,\ 0.143,\ 0.221,\ 0.068,\ 0.063,\ 0.231]$$

となる．これが6つの選定要因の重みベクトルである．これを見ると，アンケートに答えた学生にとって企業の将来性が最も重要で，次に保険等の福祉厚生制度であり，給与体系と続く．一方，勤務地の場所や休暇の内容は，あまり重

表12.3 6つの選定要因に関する各代替案の一対比較

将来性

	A	B	C
A	1	1/2	2
B	2	1	5
C	1/2	1/5	1

$\lambda_{max} = 3.005$ C.I. $= 0.0025$

規模

	A	B	C
A	1	3	1/3
B	1/3	1	1/9
C	3	9	1

$\lambda_{max} = 3.0$ C.I. $= 0.0$

給料

	A	B	C
A	1	1/5	1/2
B	5	1	3
C	2	1/3	1

$\lambda_{max} = 3.0044$ C.I. $= 0.0022$

場所

	A	B	C
A	1	2	1/2
B	1/2	1	1/4
C	2	4	1

$\lambda_{max} = 3.0$ C.I. $= 0.0$

休暇

	A	B	C
A	1	3	1/3
B	1/3	1	1/9
C	3	9	1

$\lambda_{max} = 3.0$ C.I. $= 0.0$

保険

	A	B	C
A	1	1/2	3
B	2	1	9
C	1/3	1/9	1

$\lambda_{max} = 3.014$ C.I. $= 0.007$

要でないといえる．

次に，レベル3における各代替案（会社）間の一対比較をレベル2（選定要因）を評価基準として行う．つまり，6つの選定要因について各代替案の重要性を一対比較するのである．その結果は**表12.3**に示すとおりとする．たとえば将来性における2行3列の5は「将来性に関してB社はC社に比べてかなり魅力度（重要度）がある」という意味である．また休暇における1行2列の3は「休暇に関してA社はB社に比べてやや魅力度（重要度）がある」という意味である．すなわち各企業の実態を調べた上で，比較検討した結果が表12.3の数字になったと考えられる．

さて，これら6つの一対比較行列のそれぞれの最大固有値 λ_{max} と整合性の評価C.I.は各行列の下に示したとおりである．6つの要因に対するC.I.の値はすべて0.1以下であるから，これらの一対比較行列は有効性がある．また，これら6つの最大固有値に対する正規化した固有ベクトルはそれぞれ次のようになる．

12.4 AHP モデルの適用例（企業選定，住宅の選定，番組の選定）

将来性……$W_1^T = [0.277, 0.595, 0.128]$
規　模……$W_2^T = [0.231, 0.077, 0.692]$
給　料……$W_3^T = [0.122, 0.648, 0.230]$
場　所……$W_4^T = [0.286, 0.143, 0.571]$
休　暇……$W_5^T = [0.231, 0.077, 0.692]$
保　険……$W_6^T = [0.279, 0.640, 0.081]$

たとえば，将来性に関してはB社が，規模に関してはC社が，給料に関してはB社が最も魅力度（重要度）が高いといえる（それぞれの効用値に応じて）．

以上で，レベル2のレベル1（総合目的）に関する重みWと，レベル3（代替案）のレベル2の各要因に関する重みW_1〜W_6の値が得られた．

(3) **第3段階**

レベル2，3の要素間の重み付けが計算されると，この結果より階層全体の重み付けを行う．すなわち，総合目的（企業の選定）に対する各代替案（会社）A，B，Cの定量的な選定基準を作る．

代替案の選定基準の重みをXとすると，

$$X = [W_1, W_2, \cdots, W_6]W$$

となる．この場合，

$$X = \begin{matrix} \\ A \\ B \\ C \end{matrix} \begin{bmatrix} \text{将来性} & \text{規模} & \text{給料} & \text{場所} & \text{休暇} & \text{保険} \\ 0.277 & 0.231 & 0.122 & 0.286 & 0.231 & 0.279 \\ 0.595 & 0.077 & 0.648 & 0.143 & 0.077 & 0.640 \\ 0.128 & 0.692 & 0.230 & 0.571 & 0.692 & 0.081 \end{bmatrix} \begin{bmatrix} 0.274 \\ 0.143 \\ 0.221 \\ 0.068 \\ 0.063 \\ 0.231 \end{bmatrix}$$

$$= \begin{matrix} A \\ B \\ C \end{matrix} \begin{bmatrix} 0.234 \\ 0.480 \\ 0.286 \end{bmatrix}$$

となる.

したがって，表12.2, 表12.3のような一対比較行列を答えた意思決定者（学生）の各会社に対する効用値（魅力度）は，上式のようになりB＞C＞Aの**選好順序**となる．実際，この学生はB会社へ就職し，成功していることをつけ加えておく．

〔その2〕住宅の選定
(1) 第1段階

あるとき，筆者は友人から住宅を買いたいのだがどのように選べばよいかという相談を受けた．いまの手持ちの金額とローンによる金額が決まっているので，住宅価格はおよそ4000万円前後だそうだ．そして，この価格くらいの物件をA，B，C3つ探してきたそうである．問題は，この3つの中からどの物件を選ぶかということである．そこで，筆者はAHP手法を使って決めることをすすめた．

まず，選定要因を考えたが結局次の8つになった．土地の広さ，居住面積，レイアウト，買物の便，交通の便，都市計画，自然環境，教育環境である．

ただし，この8つの選定要因は〔その1〕のように同時的（同じレベル）に扱わないで階層的（複数のレベル）に扱うことにした．というのは，住宅の選定に際しておのおのの選定要因を全体として同時に考慮して選定するのではなく，最も基本的な要因から順に段階的に考慮して選択するものと思われるからである．この例の場合，最も基本的要因として物件の内容（土地の広さ，居住面積，レイアウトをまとめて），利便性（買物の便，交通の便，都市計画をまとめて），環境（自然環境，教育環境をまとめて）の3つとする．

さて，このような内容を図に示すと，結局，**図 12.2**に示すような階層構造になる．すなわち，階層の最上層（レベル1）は総合目的である住宅の選定を，レベル2からレベル3は，選定要因を，そして最下層（レベル4）には3物件の代替案をそれぞれ置く．これらの要素はすべて関連するので線で結ばれる．

(2) 第2段階

次に，この相談者にアンケートを施した．すなわち，図12.2に示した住宅

12.4 AHPモデルの適用例（企業選定，住宅の選定，番組の選定）

```
レベル1                    住宅の選定
レベル2        物件内容        利便性          環　境
レベル3   土地の広さ 居住面積 レイアウト 買物の便 交通の便 都市計画 自然環境 教育環境
レベル4              A物件        B物件        C物件
```

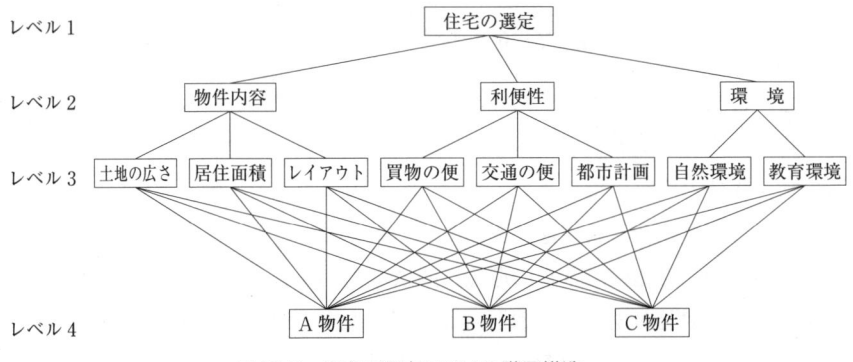

図 12.2　住宅の選定における階層構造

の選定を行うとき，レベル2からレベル4（最下層）の各要素間の一対比較に答えてもらうのである．

まず，住宅の選定に関するレベル2の各要因の一対比較を行った．その結果は**表 12.4**に示す．

この行列の最大固有値は，

$$\lambda_{\max} = 3.136$$

である．ゆえに整合性の評価は，

$$\text{C.I.} = \frac{\lambda_{\max} - n}{n - 1} = 0.068 < 0.1$$

であり，有効性があるといえる．さらに，この最大固有値に対する正規化した固有ベクトルは，

表 12.4　住宅の選定に関するレベル2の各要因の一対比較

	物件内容	利便性	環　境
物件内容	1	3	3
利便性	1/3	1	1/3
環　境	1/3	3	1

$\lambda_{\max} = 3.136$　C.I. = 0.068

$$\boldsymbol{W}_1^T = [0.584, \ 0.135, \ 0.281]$$

となる．これがレベル 2 の重みベクトルである．すなわち，レベル 2 の要因では，物件の内容が最も重要であり，環境，利便性がそれに続く．

次に，物件の内容に関するレベル 3 の各要因（土地の広さ，居住面積，レイアウト）の一対比較と利便性に関するレベル 3 の各要因（買物の便，交通の便，都市計画）の一対比較，さらに環境に関するレベル 3 の各要因（自然環境，教育環境）の一対比較をそれぞれ行った．その結果は **表 12.5** に示したとおりである．たとえば物件に関する行列の 3 行 1 列の 3 は「物件の内容に関して，レイアウトは土地の広さに比べてやや重要である」という意味である．また，利便性に関する行列の 1 行 3 列の 5 は「利便性に関して，買物の便は都市計画に比べてかなり重要である」という意味である．

さて，物件の行列の最大固有値は，

$$\lambda_{\max} = 3.136$$

である．ゆえに整合性の評価は，

表 12.5 レベル 2 の 3 つの評価基準に関するレベル 3 の一対比較

物件に関するレベル 3 の各要因の一対比較

	土地の広さ	居住面積	レイアウト
土地の広さ	1	2	1/3
居住面積	1/2	1	1/2
レイアウト	3	2	1

$\lambda_{\max} = 3.136$ C.I. $= 0.068$

利便性に関するレベル 3 の各要因の一対比較

	買物の便	交通の便	都市計画
買物の便	1	5	5
交通の便	1/5	1	3
都市計画	1/5	1/3	1

$\lambda_{\max} = 3.136$ C.I. $= 0.068$

環境に関するレベル 3 の各要因の一対比較

	自然環境	教育環境
自然環境	1	3
教育環境	1/3	1

$\lambda_{\max} = 2.0$

12.4 AHP モデルの適用例（企業選定，住宅の選定，番組の選定）

$$\text{C.I.} = \frac{\lambda_{\max} - n}{n-1} = 0.068 < 0.1$$

であり，有効性があるといえる．さらに，この最大固有値に対する正規化した固有ベクトルは，

$$\boldsymbol{W}_2^{\mathrm{T}} = [0.263,\ 0.190,\ 0.547]$$

となる．これが，物件に関するレベル 3 の各要因の重みベクトルである．

次に，利便性の行列の最大固有値は，

$\lambda_{\max} = 3.136$

である．ゆえに整合性の評価は，

$$\text{C.I.} = \frac{\lambda_{\max} - n}{n-1} = 0.068 < 0.1$$

であり，有効性があるといえる．さらに，この最大固有値に対する正規化した固有ベクトルは，

$$\boldsymbol{W}_3^{\mathrm{T}} = [0.701,\ 0.202,\ 0.097]$$

となる．これが利便性に関するレベル 3 の各要因の重みベクトルである．

さらに，環境の行列の最大固有値は，

$\lambda_{\max} = 2$

となる．この行列は 2 要素であるから整合性の評価は行わなくてもよい．この最大固有値に対する正規化した固有ベクトルは，

$$\boldsymbol{W}_4^{\mathrm{T}} = [0.75,\ 0.25]$$

となる．これが，環境に関するレベル 3 の重みベクトルである．

また，レベル 1 からみた重み付けは，

$$0.584 \cdot \boldsymbol{W}_2^\mathrm{T} = [0.154, \ 0.111, \ 0.319]$$
$$0.135 \cdot \boldsymbol{W}_3^\mathrm{T} = [0.095, \ 0.027, \ 0.013]$$
$$0.281 \cdot \boldsymbol{W}_4^\mathrm{T} = [0.211, \ 0.070]$$

となる.

以上より,レベル3の8つの選定要因(土地の広さ・居住面積・レイアウト・買物の便・交通の便・都市計画・自然環境・教育環境)の重みベクトルを W とすると,$\boldsymbol{W}^\mathrm{T} = [0.154, \ 0.11, \ 0.319, \ 0.095, \ 0.027, \ 0.013, \ 0.211, \ 0.070]$

となる.すなわち,この相談者の場合,住宅を選定するときは物件のレイアウトが最も重要で,自然環境,土地の広さがそれに続いて重要であることがわかる.

最後に,この8つの選定要因に関する各代替案(物件)の一対比較を行った.それらの結果は**表12.6**に示すとおりである.たとえば,レイアウトにおける1行3列の7は「レイアウトに関してA物件はC物件に比べて非常に魅力度(重要度)がある」という意味である.すなわち各物件の実態を調べた上で,

表12.6 8つの選定要因に関する各代替案の一対比較

土地の広さ

	A	B	C
A	1	5	7
B	1/5	1	3
C	1/7	1/3	1

$\lambda_{max} = 3.065$　C.I. $= 0.032$

居住面積

	A	B	C
A	1	5	7
B	1/5	1	3
C	1/7	1/3	1

$\lambda_{max} = 3.065$　C.I. $= 0.032$

レイアウト

	A	B	C
A	1	5	7
B	1/5	1	3
C	1/7	1/3	1

$\lambda_{max} = 3.065$　C.I. $= 0.032$

買物の便

	A	B	C
A	1	1/3	1/3
B	3	1	1
C	3	1	1

$\lambda_{max} = 3.0$　C.I. $= 0.0$

交通の便

	A	B	C
A	1	1/5	1/7
B	5	1	1/2
C	7	2	1

$\lambda_{max} = 3.014$　C.I. $= 0.007$

都市計画

	A	B	C
A	1	1	3
B	1	1	2
C	1/3	1/2	1

$\lambda_{max} = 3.018$　C.I. $= 0.009$

自然環境

	A	B	C
A	1	5	7
B	1/5	1	2
C	1/7	1/2	1

$\lambda_{max} = 3.014$　C.I. $= 0.007$

教育環境

	A	B	C
A	1	1/2	1/3
B	2	1	1
C	3	1	1

$\lambda_{max} = 3.018$　C.I. $= 0.009$

12.4 AHP モデルの適用例（企業選定，住宅の選定，番組の選定）

比較検討した結果が表 12.6 の数字になったと考えられる．

さて，これら 8 つの行列のそれぞれの最大固有値 λ_{max} と整合性の評価 C.I. の値は各行列の下に示したとおりである．また，これら 8 つの最大固有値に対する正規化した固有ベクトルはそれぞれ次のようになる．

$$
\begin{aligned}
\text{土地の広さ} &\cdots\cdots \boldsymbol{W}_{\text{I}}^{T} = [0.731,\ 0.188,\ 0.081] \\
\text{居住面積} &\cdots\cdots \boldsymbol{W}_{\text{II}}^{T} = [0.731,\ 0.188,\ 0.081] \\
\text{レイアウト} &\cdots\cdots \boldsymbol{W}_{\text{III}}^{T} = [0.731,\ 0.188,\ 0.081] \\
\text{買物の便} &\cdots\cdots \boldsymbol{W}_{\text{IV}}^{T} = [0.143,\ 0.429,\ 0.429] \\
\text{交通の便} &\cdots\cdots \boldsymbol{W}_{\text{V}}^{T} = [0.075,\ 0.333,\ 0.592] \\
\text{都市計画} &\cdots\cdots \boldsymbol{W}_{\text{VI}}^{T} = [0.444,\ 0.387,\ 0.169] \\
\text{自然環境} &\cdots\cdots \boldsymbol{W}_{\text{VII}}^{T} = [0.740,\ 0.166,\ 0.094] \\
\text{教育環境} &\cdots\cdots \boldsymbol{W}_{\text{VIII}}^{T} = [0.169,\ 0.387,\ 0.443]
\end{aligned}
$$

この $\boldsymbol{W}_{\text{I}} \sim \boldsymbol{W}_{\text{VIII}}$ がレベル 4 （各代替案）のレベル 3 の関係要因に関する重みである．

(3) **第 3 段階**

各レベルの要素間の重み付けが計算されると，この結果から階層全体の重み付けを行う．すなわち，総合目的（住宅の選定）に対する各代替案（物件）の定量的な選択基準を作る．

代替案の選択基準の重みを $\boldsymbol{X}$ とすると，

$$\boldsymbol{X} = [\boldsymbol{W}_{\text{I}}, \boldsymbol{W}_{\text{II}}, \cdots, \boldsymbol{W}_{\text{VIII}}]\boldsymbol{W}$$

となる．この場合，

$$X = \begin{matrix} & \text{土地の} & \text{居住} & \text{レイア} & \text{買物} & \text{交通} & \text{都市} & \text{自然} & \text{教育} \\ & \text{広さ} & \text{面積} & \text{ウト} & \text{の便} & \text{の便} & \text{計画} & \text{環境} & \text{環境} \\ A & 0.731 & 0.731 & 0.731 & 0.143 & 0.075 & 0.444 & 0.740 & 0.169 \\ B & 0.188 & 0.188 & 0.188 & 0.429 & 0.333 & 0.387 & 0.166 & 0.387 \\ C & 0.081 & 0.081 & 0.081 & 0.429 & 0.592 & 0.169 & 0.094 & 0.443 \end{matrix} \begin{bmatrix} 0.154 \\ 0.111 \\ 0.319 \\ 0.095 \\ 0.027 \\ 0.013 \\ 0.211 \\ 0.070 \end{bmatrix}$$

$$= \begin{matrix} A \\ B \\ C \end{matrix} \begin{bmatrix} 0.616 \\ 0.227 \\ 0.157 \end{bmatrix}$$

となる.

したがって,表12.4〜表12.6のような一対比較行列を答えた意思決定者(相談者)の各物件に対する効用値(魅力度)は,上式のようになりA>B>Cの選好順序となる.実際,この相談者は,A物件を購入し,いま一家幸せに暮らしていることを最後につけ加えておく.

〔その3〕番組の選定

(1) 第1段階

あるとき,私が知人の家を訪問し,食事が終わったとき,テレビをみんなで見ることになった.夜8時から始まるテレビ番組なのだが家族の意見がみんな違ってしまった.ただし,この家族は夫妻と息子の計3人で構成されていた.そして今夜8時から同時に,A(野球の実況放送),B(映画),C(ドキュメント)3つの番組が放送される予定である.父はどちらかといえば,野球の実況放送,母は映画,そして息子はドキュメントを見たがっている.この家にはテレビは1台しかなく,なかなか妥協できない.そこでどのようにすれば,番組を選定できるか中立的立場にいる私に一任された.

そこで,私は,AHP手法を使い,決めさせることにした.この場合,〔その1〕,〔その2〕と違うところは意思決定者が3人いるところである.このこと

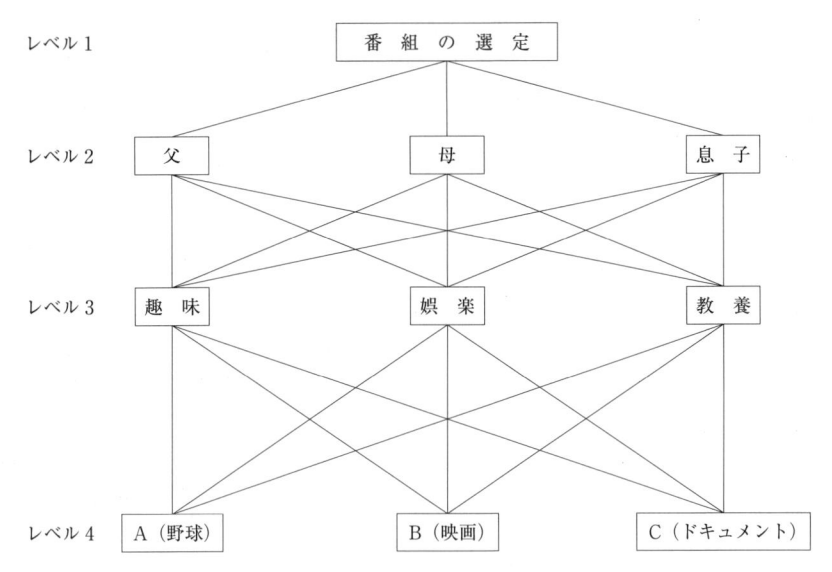

12.4 AHPモデルの適用例（企業選定，住宅の選定，番組の選定）

```
レベル1                    番 組 の 選 定

レベル2        父              母              息 子

レベル3        趣味            娯楽            教養

レベル4     A（野球）      B（映画）      C（ドキュメント）
```

図12.3　番組の選定における階層構造

を考慮にいれながら選定要因を3つ定め（趣味，娯楽，教養），この問題を**図12.3**に示すような階層構造に分解した．

階層の最上階（レベル1）は総合目的である番組の選定を，レベル2は意思決定者を，レベル3は選定要因を，そして最下層（レベル4）には3代替案（番組）をそれぞれ置く．これらの要素はすべて関連するので線で結ばれる．

(2) **第2段階**

次に，この家族にアンケートを行った．すなわち，図12.3に示した番組の選定を行うとき，レベル2からレベル4（最下層）の要素間の一対比較に答えてもらうのである．

まず，番組の選定に関するレベル2の各要因（意思決定者等）の一対比較を行った．その結果は，**表12.7**に示すとおりである．すなわち，これは番組を選定する際の意思決定者の力関係を示すものである．

この行列の最大固有値は，

$$\lambda_{\max} = 3.013$$

表 12.7 番組の選定に関する
レベル 2 の各要因の一対比較

	父	母	息子
父	1	5	7
母	1/5	1	1
息子	1/7	1	1

$\lambda_{max} = 3.013$ C.I. $= 0.006$

である．ゆえに整合性の評価は，

$$\text{C.I.} = \frac{\lambda_{max} - n}{n - 1} = 0.006 < 0.1$$

であり，有効性があるといえる．さらに，この最大固有値に対する正規化した固有ベクトルは，

$$W_1^T = [0.747, \ 0.134, \ 0.119]$$

となる．これがレベル 2 の重みベクトルである．すなわち，3 人の意思決定者の中で父親が最大の発言力を持ち，ついで，母親，息子と続く．次に，3 人の意思決定者（父，母，息子）それぞれに対するレベル 3 の各要因の一対比較を行った．それらの結果は**表 12.8** に示すとおりである．

これら 3 つの行列のそれぞれの最大固有値 λ_{max} と整合性の C.I. の値は各行列の下に示したとおりである．C.I. の値は 3 つとも 0.1 以下であるから，有効性があるといえる．さらに，これら 3 つの最大固有値に対する正規化した固有ベクトルはそれぞれ次のようになる．

表 12.8　各意思決定者に関するレベル 3 の各要因の一対比較

父に関するレベル 3 の各要因の一対比較

	趣味	娯楽	教養
趣味	1	3	7
娯楽	1/3	1	3
教養	1/7	1/3	1

$\lambda_{max} = 3.007$ C.I. $= 0.004$

母に関するレベル 3 の各要因の一対比較

	趣味	娯楽	教養
趣味	1	1/7	1/5
娯楽	7	1	5
教養	5	1/5	1

$\lambda_{max} = 3.183$ C.I. $= 0.091$

息子に関するレベル 3 の各要因の一対比較

	趣味	娯楽	教養
趣味	1	1/3	1/7
娯楽	3	1	1/5
教養	7	5	1

$\lambda_{max} = 3.065$ C.I. $= 0.032$

12.4 AHP モデルの適用例（企業選定，住宅の選定，番組の選定）

父に関して，

$$W_2^T = [0.669,\ 0.243,\ 0.088]$$

となり，母に関して，

$$W_3^T = [0.067,\ 0.715,\ 0.218]$$

となる．さらに，息子に関して，

$$W_4^T = [0.081,\ 0.188,\ 0.731]$$

となる．これらが，各意思決定者に対するレベル3の重みベクトルである．すなわち，父は，趣味を重んじ，母は娯楽を重んじ，息子は教養を重んじていることがわかる．

さて，この例のように意思決定者が複数（この場合3人）いる場合，レベル3の各要因の最終的な重みは，意思決定者の力関係に依存するので次のような計算を必要とする．レベル3の各要因の重みベクトルを W とすると，

$$W = [W_2,\ W_3,\ W_4]W_1$$

となる．この場合，

$$W = \begin{matrix} 趣味 \\ 娯楽 \\ 教養 \end{matrix} \begin{bmatrix} 0.669 & 0.067 & 0.081 \\ 0.243 & 0.715 & 0.188 \\ 0.088 & 0.218 & 0.731 \end{bmatrix} \begin{bmatrix} 0.747 \\ 0.134 \\ 0.119 \end{bmatrix}$$

$$= \begin{matrix} 趣味 \\ 娯楽 \\ 教養 \end{matrix} \begin{bmatrix} 0.518 \\ 0.300 \\ 0.182 \end{bmatrix}$$

となる．したがって，この家族全体のレベル3における要因の重みは趣味＞娯楽＞教養の順になることがわかる．

最後に，これら3つの選定要因に関する各代替案（番組）の一対比較を行った（3人の意思決定者の相談により決める）．それらの結果は**表12.9**に示すと

表 12.9　3つの選定要因に関する各代替案の一対比較

趣味

	A	B	C
A	1	5	7
B	1/5	1	3
C	1/7	1/3	1

$\lambda_{max} = 3.065$　C.I. $= 0.032$

娯楽

	A	B	C
A	1	1/3	5
B	3	1	7
C	1/3	1/7	1

$\lambda_{max} = 3.065$　C.I. $= 0.032$

教養

	A	B	C
A	1	1	1/7
B	1	1	1/7
C	7	7	1

$\lambda_{max} = 3.0$　C.I. $= 0.0$

おりである．たとえば，趣味における1行2列の5は「趣味に関してA（野球放送）はB（映画）に比べてかなり魅力度（重要度）がある」という意味である．すなわち，3人が，各番組の内容を吟味し，比較検討した結果が表 12.9 の数字になったと考えられる．

さて，これら3つの行列のそれぞれの最大固有値 λ_{max} と整合性の評価 C.I. の値は各行列の下に示したとおりである．また，これら3つの最大固有値に対する正規化した固有ベクトルはそれぞれ次のようになる．

$$趣味 \cdots\cdots \boldsymbol{W}_{\mathrm{I}}{}^T = [0.731,\ 0.188,\ 0.081]$$
$$娯楽 \cdots\cdots \boldsymbol{W}_{\mathrm{II}}{}^T = [0.279,\ 0.649,\ 0.072]$$
$$教養 \cdots\cdots \boldsymbol{W}_{\mathrm{III}}{}^T = [0.111,\ 0.111,\ 0.778]$$

この $W_{\mathrm{I}} \sim W_{\mathrm{III}}$ がレベル4（各代替案）のレベル3の要因に関する重みベクトルである．すなわち，趣味に関しては野球の実況放送が，そして，娯楽に関しては映画が，さらに教養に関しては，ドキュメントがそれぞれ魅力度（効用値）が高いことがわかる．

(3)　**第3段階**

各レベルの要素間の重み付けが計算されると，この結果より階層全体の重み付けを行う．すなわち，総合目的（番組の選定）に対する各代替案（番組）の定量的な選択基準を作る．

代替案の選択基準の重みを $\boldsymbol{X}$ とすると，

$$\boldsymbol{X} = [\boldsymbol{W}_{\mathrm{I}},\ \boldsymbol{W}_{\mathrm{II}},\ \boldsymbol{W}_{\mathrm{III}}]\boldsymbol{W}$$

12.4 AHPモデルの適用例（企業選定，住宅の選定，番組の選定）

となる．この場合，

$$W = \begin{array}{c} \\ A \\ B \\ C \end{array} \begin{array}{ccc} 趣味 & 娯楽 & 教養 \\ \left[\begin{array}{ccc} 0.731 & 0.279 & 0.111 \\ 0.188 & 0.649 & 0.111 \\ 0.081 & 0.072 & 0.778 \end{array}\right] \end{array} \left[\begin{array}{c} 0.518 \\ 0.300 \\ 0.182 \end{array}\right]$$

$$= \begin{array}{c} A \\ B \\ C \end{array} \left[\begin{array}{c} 0.483 \\ 0.312 \\ 0.205 \end{array}\right]$$

となる．

したがって，表12.7～表12.9のような一対比較行列を答えた意思決定者（相談者の家族）の各番組に対する効用値（魅力度）は上式のようになり，A＞B＞Cの選好順序となる．実際，この家族は，A（野球の実況中継）を観戦し，一家団らんの楽しい夜を過したということだ．

第13章 ISM モデル

　ISM モデルとは，階層構造化手法の1つである．この手法は，より客観的な方法で問題の最適な階層構造を明示化する際に有効な手法である．

> **本章を学ぶ3つのポイント**
> ① ISM モデルにおいて，ブレーンストーミングという概念を十分に理解すること．
> ② ISM モデルにおいて，関係行列，可達行列，構造化行列という概念を十分に理解すること．
> ③ ISM モデルは，AHP モデルの概念とどこが違うかを明確に理解すること．

13.1　システム分析（ISM モデル）

　第12章において AHP モデルを紹介したが，その際，問題を階層構造に分解した．ところが第12章で示した階層構造は1つの例であり，より客観的な方法で最適な階層構造が作成されることが望まれる．このような場合に用いられる手法に **ISM モデル**がある．ISM モデルは，J. N. Warfield によって提唱された Interpretive Structural Modeling の頭文字をとった名称で，**階層構造化手法**の1つである．

　このモデルの特徴は，次に示すとおりである．
　(ⅰ) 問題を明確にするためには，多くの人の知恵を集める必要があるとする**参加型のシステム**である．
　(ⅱ) このような**ブレーンストーミング**†で得られた内容を定性的な手法で構

造化し，結果を視覚的（階層構造）に示すシステムである．
(iii) 手法としては，アルゴリズム的であり，コンピュータによるサポートを基本としている．

このような手法を実際の問題に適用することにより，人間の直観や経験的判断による認識のもつあいまいさや矛盾点を修正し，問題をより客観的に明確にすることができる．

13.2 ISM モデルとは

ISM モデルの概念とその手法を，第12章〔その1〕（企業選定）を例に説明する．

まず，何人かのメンバーを集め，ブレーンストーミングにより，企業選定に関連すると思われる要素を描出した．その結果，第12章の例に職種の項が加わり全部で8個の要素となった（**表13.1** 参照）．

次に，この8つの要素の一対比較を行い，要素 i が要素 j に影響を与えていれば1，そうでなければ0として**関係行列**（E）を作る．この例においては，**表13.2** に示すようになった．

そして，**単位行列 I** を加えて，

$$N = E + I \tag{13-1}$$

とする．この N のベキ乗を次々と求め，**可達行列 $N^{*\dagger}$** を計算する（$N^k = N^{k-1}$ となるまで計算する）．この例の可達行列 N^* は**表13.3** に示すとおりである．

次に，この可達行列により，各要素 t_i に対して，

---

† ブレーンストーミング

「集団的思考の技術で，通常リーダーを含めて5〜10名が集まり，できるだけ奇抜な思いつきをできるだけ多く出しあい，他人の案は決して批判しない．案の選択は，のちにそのための別の会合を開いて行う．この方法を個人の思考の態度とするときは〈ソロ・ブレーンストーミング〉という．1939年にA.F.オズボーンが，アメリカの広告会社で妙案を出す方法として試みたのが始まりである．」（平凡社 『世界大百科辞典』より引用）

13.2 ISMモデルとは

表 13.1 リスト

番号	要素の内容
1	企業選定
2	将来性
3	規模
4	給料
5	場所
6	職種
7	休暇
8	保険

表 13.2 関係行列

要素	1	2	3	4	5	6	7	8
1	0	0	0	0	0	0	0	0
2	1	0	0	0	0	0	0	0
3	1	1	0	1	0	0	0	0
4	1	0	0	0	0	0	0	0
5	1	1	0	0	0	0	0	0
6	1	0	0	1	0	0	1	0
7	1	0	0	0	0	0	0	0
8	1	0	0	0	0	0	0	0

表 13.3 可達行列

要素	1	2	3	4	5	6	7	8
1	1	0	0	0	0	0	0	0
2	1	1	0	0	0	0	0	0
3	1	1	1	1	0	0	0	0
4	1	0	0	1	0	0	0	0
5	1	1	0	0	1	0	0	0
6	1	0	0	1	0	1	1	0
7	1	0	0	0	0	0	1	0
8	1	0	0	0	0	0	0	1

$$可達集合 \quad R(t_i) = \{t_j \mid n'_{ij} = 1\} \tag{13-2}$$

$$先行集合 \quad A(t_i) = \{t_j \mid n'_{ji} = 1\} \tag{13-3}$$

を求める.より簡単にいえば,**可達集合** $R(t_i)$ を求めるには,行を見て「1」

---

† **可達行列**

(13-1) 式のように $(E+I)$ を N とかくと,これを $(k-1)$ 回以上ベキ計算を行っても結果は変わらなくなる.ここで,k は E の次元である.すなわち,$N^{k-1} = N^k = N^{k+1}$ となる.このような行列を元の行列 E の可達行列(reachability matrix)と呼び,N^* と表す.ただし,この行列演算は 1(影響あり)と 0(影響なし)で行う.

になっている列を集めればよく，**先行集合** $A(t_i)$ を求めるには列を見て「1」になっている行を集めればよい．この例における各要素の可達集合と先行集合は**表13.4**に示すとおりである．

各要素の階層構造におけるレベルの決定は，この可達集合 $R(t_i)$ と先行集合 $A(t_i)$ により，

$$R(t_i) \cap A(t_i) = R(t_i) \tag{13-4}$$

となるものを逐次求めていくものである．表13.4において式（13-4）を満たすものは，要素1だけであるから，まず第1レベルが決まる．すなわち，

$$L_1 = \{1\}$$

である．次に，この要素1を表13.4から消去（丸印を付ける）して，同じように式（13-4）を満たす要素を描出する．その結果，レベル2としては，

$$L_2 = \{2, 4, 7, 8\}$$

となる．次に，これらの要素 $\{2, 4, 7, 8\}$ を消去すると，**表13.5**のようになる．

この表に対して，また式（13-4）を適用すると，レベル3は，

表13.4　可達集合と先行集合

t_i	$R(t_i)$	$A(t_i)$	$R(t_i) \cap A(t_i)$
1	①	1, 2, 3, 4, 5, 6, 7, 8	①
2	①, 2	2, 3, 5	2
3	①, 2, 3, 4	3	3
4	①, 4	3, 4, 6	4
5	①, 2, 5	5	5
6	①, 4, 6, 7	6	6
7	①, 7	6, 7	7
8	①, 8	8	8

表 13.5 可達集合と先行集合

t_i	$R(t_i)$	$A(t_i)$	$R(t_i) \cap A(t_i)$
5	3	3	3
3	5	5	5
6	6	6	6

$$L_3 = \{3, 5, 6\}$$

となる．

すなわち，この階層構造のレベルは3水準までとなる．これらのレベルごとの要素と表13.3に示した可達行列より，隣接するレベル間の要素の関係を示す**構造化行列**が得られる．この例の場合は，**表13.6**に示すようになる．

この構造化行列より階層構造が決定する．すなわち，レベル1である要素1の列を見ると {1, 2, 4, 7, 8} に1があり，レベル2である要素2, 4, 7, 8と関連することがわかる．同様にして要素2には要素3, 5が関連し，要素4には要素3, 6が関連していることがわかる．また，要素7には要素6が関連するが，要素8には関連する要素がないこともわかる．

以上，関連する要素間を線で結び，レベル1～3の階層構造を図示したもの

表 13.6 構造化行列

要素	1	2	4	7	8	3	5	6
1	1	0	0	0	0	0	0	0
2	1	1	0	0	0	0	0	0
4	1	0	1	0	0	0	0	0
7	1	0	0	1	0	0	0	0
8	1	0	0	0	1	0	0	0
3	0	1	1	0	0	1	0	0
5	0	1	0	0	0	0	1	0
6	0	0	1	1	0	0	0	1

第 13 章 ISM モデル

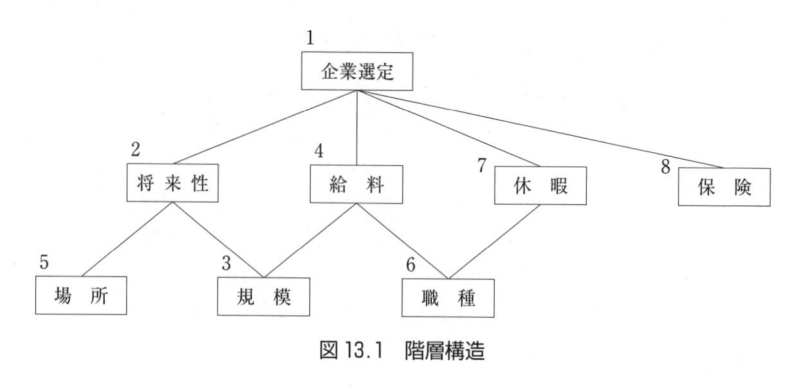

```
          1
        企業選定
   ┌──────┼──────┬──────┐
   2      4      7      8
  将来性  給 料   休 暇   保 険
   │      │      │
  ┌┴┐    ┌┴┐    │
  5   3   6
 場 所  規 模  職 種
```

図 13.1　階層構造

が図 13.1 である．

13.3　ISM モデルの適用例：その 1（住宅の選定）

次の適用例として，第 12 章の〔その 2〕（住宅の選定）を取り上げる．

新しい住宅を購入する際の選定要因をブレーンストーミングによってリストにしてみた．その結果は表 13.7 に示すとおりであり，第 12 章の例と同じになった．

次にこの 12 の要素の一対比較を行い，関係行列（E）を作った．その結果は表 13.8 に示すとおりである．さらに，この関係行列（E）から可達行列 N^* を計算した．その結果は表 13.9 に示すとおりである．

さらに，この可達行列から，可達集合 $R(t_i)$，先行集合 $A(t_i)$ を求め，各要素の階層構造におけるレベル水準を決定する．その結果，レベル 1 は，

$$L_1 = \{1\}$$

となり，レベル 2 は，

$$L_2 = \{2,\ 3,\ 4\}$$

となり，レベル 3 は，

$$L_3 = \{7,\ 8,\ 9,\ 10,\ 12\}$$

13.3 ISMモデルの適用例：その1（住宅の選定）

表13.7 リスト

番号	要素の内容
1	住宅の選定
2	物件内容
3	環　　境
4	利　便　性
5	土地の広さ
6	居住面積
7	レイアウト
8	自然環境
9	教育環境
10	買物の便
11	交通の便
12	都市計画

表13.8 関係行列

要素	1	2	3	4	5	6	7	8	9	10	11	12
1	0	0	0	0	0	0	0	0	0	0	0	0
2	1	0	0	0	0	0	0	0	0	0	0	0
3	1	0	0	0	0	0	0	0	0	0	0	0
4	1	0	0	0	0	0	0	0	0	0	0	0
5	1	1	0	0	0	1	1	0	0	0	0	0
6	1	1	0	0	0	0	1	0	0	0	0	0
7	1	1	0	0	0	0	0	0	0	0	0	0
8	1	0	1	0	0	0	0	0	0	0	0	0
9	1	0	1	0	0	0	0	0	0	0	0	0
10	1	0	0	1	0	0	0	0	0	0	0	0
11	1	0	0	1	0	0	0	0	0	1	0	0
12	1	0	0	1	0	0	0	0	0	0	0	0

表13.9 可達行列

要素	1	2	3	4	5	6	7	8	9	10	11	12
1	1	0	0	0	0	0	0	0	0	0	0	0
2	1	1	0	0	0	0	0	0	0	0	0	0
3	1	0	1	0	0	0	0	0	0	0	0	0
4	1	0	0	1	0	0	0	0	0	0	0	0
5	1	1	0	0	1	1	1	0	0	0	0	0
6	1	1	0	0	0	1	1	0	0	0	0	0
7	1	1	0	0	0	0	1	0	0	0	0	0
8	1	0	1	0	0	0	0	1	0	0	0	0
9	1	0	1	0	0	0	0	0	1	0	0	0
10	1	0	0	1	0	0	0	0	0	1	0	0
11	1	0	0	1	0	0	0	0	0	1	1	0
12	1	0	0	1	0	0	0	0	0	0	0	1

第13章 ISMモデル

となり，レベル4は，

$$L_4 = \{6, 11\}$$

となり，レベル5は，

$$L_5 = \{5\}$$

となる．

つまり，この階層構造のレベルは5水準までとなる．これらのレベルごとの要素と可達行列より，隣接するレベル間の要素の関係を示す構造化行列が得られる．その結果は**表 13.10**に示すとおりである．

この構造化行列より階層構造が決まる．すなわち**図 13.2**に示すとおりとなる．

表 13.10　構造化行列

要素	1	2	3	4	7	8	9	10	12	6	11	5
1	1	0	0	0	0	0	0	0	0	0	0	0
2	1	1	0	0	0	0	0	0	0	0	0	0
3	1	0	1	0	0	0	0	0	0	0	0	0
4	1	0	0	1	0	0	0	0	0	0	0	0
7	0	1	0	0	1	0	0	0	0	0	0	0
8	0	0	1	0	0	1	0	0	0	0	0	0
9	0	0	1	0	0	0	1	0	0	0	0	0
10	0	0	0	1	0	0	0	1	0	0	0	0
12	0	0	0	1	0	0	0	0	1	0	0	0
6	0	0	0	0	1	0	0	0	0	1	0	0
11	0	0	0	0	0	0	1	0	0	0	1	0
5	0	0	0	0	0	0	0	0	0	1	0	1

13.4　ISM モデルの適用例：その 2（交通経路選択）

```
                    1
                ┌───────┐
                │住宅の選定│
                └───┬───┘
        ┌───────────┼───────────┐
        2           3           4
    ┌───────┐   ┌───────┐   ┌───────┐
    │物件内容│   │ 環　境 │   │利便性 │
    └───┬───┘   └───┬───┘   └───┬───┘
        7       ┌───┴───┐   ┌───┴───┐
    ┌───────┐   8       9   10      12
    │レイアウト│ ┌───────┐┌───────┐┌───────┐┌───────┐
    └───┬───┘ │自然環境││教育環境││買物の便││都市計画│
        6     └───────┘└───────┘└───┬───┘└───────┘
    ┌───────┐                       11
    │居住面積│                   ┌───────┐
    └───┬───┘                   │交通の便│
        5                       └───────┘
    ┌───────┐
    │土地の広さ│
    └───────┘
```

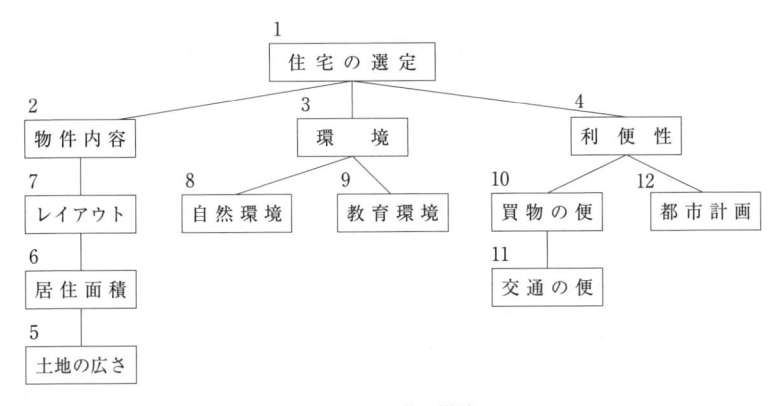

図 13.2　階層構造

13.4　ISM モデルの適用例：その 2（交通経路選択）

次の適用例として，交通経路選択を考える．出発地と目的地が同じで，その間に複数の交通経路（たとえば何本かの鉄道路線）があるとき，各々の利用者はどのような選択要因・選択基準で 1 つの経路を選ぶのであろうか？　このような，交通経路選択問題の階層構造を ISM 手法を使って決定しようというものである．

まず，交通経路選択要因をブレーンストーミングによってリストにしてみた．その結果は**表 13.11** に示すとおりである．

ただし，要因の内容に関してわかりにくいものもあるので，補足すると次のようになる．

  3（非乗車時間）：乗り換え時間あるいは待ち時間を指す．
  5（アクセス時間）：出発地から最寄の鉄道乗車駅までの所要時間を指す．
  6（イグレス時間）：鉄道降車駅から目的地までの所要時間を指す．
  7（代表乗車時間）：鉄道に乗っている時間を指す．
  4（乗車時間）：アクセス時間，イグレス時間，代表乗車時間を加えた時間
　　　　　　　　　を指す．
 13（利便性）：この場合，鉄道の運転間隔を指す．

次に，この 13 の要素の一対比較を行い，関係行列（E）を作った．その結

表 13.11 リスト

番号	要因の内容
1	交通経路選択
2	所要時間
3	非乗車時間
4	乗車時間
5	アクセス時間
6	イグレス時間
7	代表乗車時間
8	所要費用
9	心理的要因
10	快適性
11	車内混雑
12	乗りごこち
13	利便性

表 13.12 関係行列

要素	1	2	3	4	5	6	7	8	9	10	11	12	13
1	0	0	0	0	0	0	0	0	0	0	0	0	0
2	1	0	0	0	0	0	0	0	0	0	0	0	0
3	1	1	0	0	0	0	0	0	0	0	0	0	0
4	1	1	0	0	0	0	0	0	0	0	0	0	0
5	1	1	0	1	0	0	0	0	0	0	0	0	0
6	1	1	0	1	0	0	0	0	0	0	0	0	0
7	1	1	0	1	0	0	0	0	0	0	0	0	0
8	1	0	0	0	0	0	0	0	0	0	0	0	0
9	1	0	0	0	0	0	0	0	0	0	0	0	0
10	1	0	0	0	0	0	0	0	1	0	0	0	0
11	1	0	0	0	0	0	0	0	1	1	0	0	0
12	1	0	0	0	0	0	0	0	1	1	0	0	0
13	1	0	0	0	0	0	0	0	1	0	0	0	0

果は**表 13.12** に示すとおりである．さらに，この関係行列（E）から可達行列 N^* を計算した．その結果は，**表 13.13** に示すとおりである．

さらに，この可達行列から，可達集合 $R(t_i)$，先行集合 $A(t_i)$ を求め，各要因の階層構造におけるレベル水準を決める．その結果，レベル1は，

13.4 ISMモデルの適用例：その2（交通経路選択）

表 13.13 可達行列

要素	1	2	3	4	5	6	7	8	9	10	11	12	13
1	1	0	0	0	0	0	0	0	0	0	0	0	0
2	1	1	0	0	0	0	0	0	0	0	0	0	0
3	1	1	1	0	0	0	0	0	0	0	0	0	0
4	1	1	0	1	0	0	0	0	0	0	0	0	0
5	1	1	0	1	1	0	0	0	0	0	0	0	0
6	1	1	0	1	0	1	0	0	0	0	0	0	0
7	1	1	0	1	0	0	1	0	0	0	0	0	0
8	1	0	0	0	0	0	0	1	0	0	0	0	0
9	1	0	0	0	0	0	0	0	1	0	0	0	0
10	1	0	0	0	0	0	0	0	1	1	0	0	0
11	1	0	0	0	0	0	0	0	1	1	1	0	0
12	1	0	0	0	0	0	0	0	1	1	0	1	0
13	1	0	0	0	0	0	0	0	1	0	0	0	1

$L_1 = \{1\}$

となり，レベル2は，

$L_2 = \{2, 8, 9\}$

となり，レベル3は，

$L_3 = \{3, 4, 10, 13\}$

となり，レベル4は，

$L_4 = \{5, 6, 7, 11, 12\}$

となる．
　つまり，この階層構造のレベルは4水準までとなる．これらのレベルごとの要素と可達行列より，隣接するレベル間の要素の関係を示す構造化行列が得られる．その結果は，**表 13.14** に示すとおりである．

表 13.14 構造化行列

要素	1	2	8	9	3	4	10	13	5	6	7	11	12
1	1	0	0	0	0	0	0	0	0	0	0	0	0
2	1	1	0	0	0	0	0	0	0	0	0	0	0
8	1	0	1	0	0	0	0	0	0	0	0	0	0
9	1	0	0	1	0	0	0	0	0	0	0	0	0
3	0	1	0	0	1	0	0	0	0	0	0	0	0
4	0	1	0	0	0	1	0	0	0	0	0	0	0
10	0	0	0	1	0	0	1	0	0	0	0	0	0
13	0	0	0	1	0	0	0	1	0	0	0	0	0
5	0	0	0	0	0	1	0	0	1	0	0	0	0
6	0	0	0	0	0	1	0	0	0	1	0	0	0
7	0	0	0	0	0	1	0	0	0	0	1	0	0
11	0	0	0	0	0	0	1	0	0	0	0	1	0
12	0	0	0	0	0	0	1	0	0	0	0	0	1

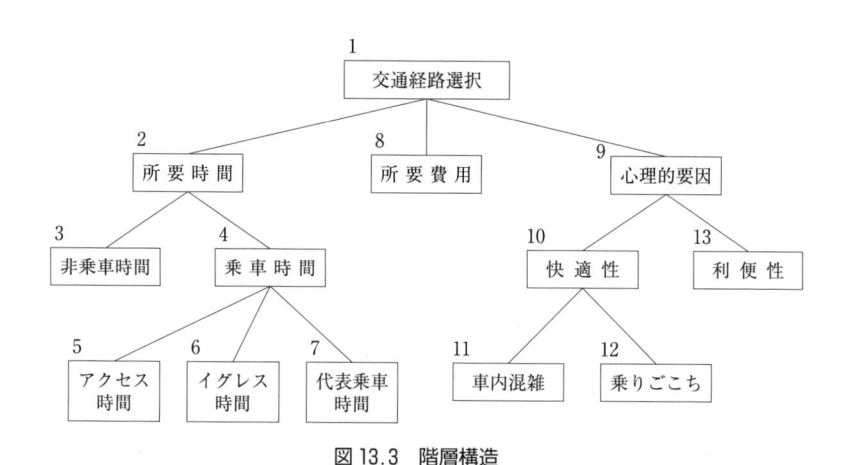

図 13.3 階層構造

この構造化行列より階層構造が決まる．すなわち，図 13.3 に示すとおりとなる．この結果は，著者の論文「階層分析法による交通経路選択特性の評価」（木下栄蔵；『運輸と経済』，1986，vol.6）において示した階層構造の 1 つの例

13.4 ISMモデルの適用例:その2(交通経路選択)

と同一となった.

参考文献

1) 田中豊・垂水共之・脇本和昌(編):『パソコン統計解析ハンドブックⅡ 多変量解析編』,共立出版,1984
2) 田中豊・脇本和昌:『多変量統計解析法』,現代数学社,1983
3) 吉川和広(編):『土木計画学演習』,森北出版,1985
4) 柳井晴夫・岩坪秀一:『複雑さに挑む科学』,講談社,1976
5) 大村平:『多変量解析のはなし』,日科技連,1985
6) 大村平:『評価と数量化のはなし』,日科技連,1983
7) 日本野球機構(編):『オフィシャル・ベースボール・ガイド 1986』,共同通信社,1986
8) 日本野球機構(編):『オフィシャル・ベースボール・ガイド 2009』,共同通信社,2009
9) 『月刊タイガース』(1986年4月号・5月号)
10) 木下栄蔵:『階層分析法による交通経路選択特性の評価』(『運輸と経済』,1986, vol.6)
11) 『オペレーションズ・リサーチ学会誌』(1986, vol.31, no.8;特集 AHP)
12) Saaty, T.L., *The Analytic Hierarchy Process*, MacGrow-Hill, 1980
13) 上田稔・岡田泰栄・芳谷大和:『確率と統計』,大日本図書,1980

索　引

ア行

ISM モデル　177
アイテム　38
意思決定　155
一対比較　156
一対比較行列　156
因子得点　131
因子負荷量　131
因子分析法　129
AHP　155
H 行列　109
F 分布　54
OERA　6
重み列ベクトル　158

カ行

回帰係数　21
回帰直線　21
回帰分析　18
階層構造　156
階層構造化手法　177
外的基準　2
カイ2乗分布　53
可達行列　178, 179
可達集合　179
カテゴリー　38
カテゴリー数量　38
関係行列　178
観測値ベクトル　84
ガンマ分布　53
逆数行列　157

共通因子　130, 131
共分散　20, 21
寄与率　117
クラーメルの公式　26, 27
クラスター　79
クラスター分析　79
クロス集計　40
群間分散　67, 68
群内分散　67, 68
群平均法　85
決定係数　39
合成変量　115
構造化行列　181
誤判別率　54
固有値　95
固有ベクトル　95
固有方程式　95
コンシステンシー指数　157, 159

サ行

最小2乗法　19, 131
最大固有値　95
最短距離法　84, 85
最長距離法　85
最尤（さいゆう）法　131
参加型のシステム　177
指数回帰式　23
指数回帰分析　23
システムアプローチ　156
質的データ　2
主因子分析法　131, 135
重回帰分析　24
重心法　86

重相関係数　28
樹形図　79
主成分分析法　115
親近性　108
数量化理論1類　37
数量化理論2類　65
数量化理論3類　93
数量化理論4類　107
正規方程式　25
正準因子分析法　131
説明変数　18
線形回帰モデル　19
線形重回帰式　25
線形重回帰モデル　25
線形判別関数　52
先行集合　179, 180
選好順序　164
セントロイド法　131
全分散　67
相関関係　1
相関行列　118
相関係数　21
相関比　67

タ行

第1主成分　117
第2主成分　117
代替案　155
打者貢献度指数　6
多変量解析　1
単位行列　178
直線回帰分析　18
DERA　6, 12
転置行列　84
デンドログラム　79, 81
投手貢献度指数　6
特殊因子　131

ハ行

判別関数　52, 53
判別分析法　51
評価基準　155
標準回帰係数　28
標準化ユークリッド距離　83
標準正規分布　54
非類似度　80
ブレーンストーミング　177, 178
分散　20, 21
分散-共分散行列　26
偏相関係数　29

マ行

マハラノビスの距離　53, 84
ミンコフスキー距離　84
メジアン法　86
目的変数　18
問題解決型意思決定手法　156

ヤ行

有意水準　53
ユークリッド平方距離　82
余因子　29
予測誤差　19

ラ行

ランク　158
量的データ　2
類似度　80
累積寄与率　118
累積分布関数　54
レンジ　40

著者紹介

木下栄蔵　(きのした　えいぞう)

1949 年	生まれ
1975 年	京都大学大学院工学研究科修士課程修了
	阪神電鉄勤務を経て
1980 年	神戸市立工業高等専門学校講師
1983 年	同校助教授
1989 年	京都大学工学博士
1991 年	米国ピッツバーグ大学大学院ビジネススクール客員研究員
1992 年	神戸市立工業高等専門学校教授
1994 年	名城大学学部新設準備室教授
1995 年	名城大学都市情報学部教授
	現在に至る

主要著書

『頭のムダ使い』(光文社・カッパサイエンス)
『笑いの科学』(徳間書店),『孫悟空はどこまで飛んだ？』(淡交社)
『野球に勝てる数学』(電気書院),『好き嫌いの数学』(電気書院)
『好奇心の数学』(電気書院),『統計計算』(工学図書)
『オペレーションズリサーチ』(工学図書)
『孫子の兵法の数学モデル』(講談社・ブルーバックス)
『だれでもわかる建設数学の基礎』(近代科学社)
『意思決定論入門』(近代科学社)
『マネジメントサイエンス入門』(近代科学社)
『最後の砦』(現代数学社)
『事例から学ぶサービスサイエンス』(近代科学社) その他多数.

わかりやすい数学モデルによる
多変量解析入門 第 2 版
© 2009 by Eizo Kinoshita　Printed in Japan

1995 年 9 月 15 日　初　版　発　行
2009 年 4 月 30 日　第 2 版　発　行

著　者　木　下　栄　蔵
発行者　千　葉　秀　一
発行所　株式会社　近代科学社

〒162-0843　東京都新宿区市谷田町 2-7-15
電話 03(3260)6161　振替 00160-5-7625
http://www.kindaikagaku.co.jp

大日本法令印刷

ISBN978-4-7649-0369-2
定価はカバーに表示してあります。